安徽省高校学科（专业）拔尖人才学术资助项目（gxbjzd2020018）成果

学前心理学

秦莉◎主编

安徽师范大学出版社
ANHUI NORMAL UNIVERSITY PRESS

·芜湖·

图书在版编目(CIP)数据

学前心理学/秦莉主编. — 芜湖:安徽师范大学出版社,2023.12
ISBN 978-7-5676-6546-0

Ⅰ.①学… Ⅱ.①秦… Ⅲ.①学前儿童—儿童心理学 Ⅳ.①B844.12

中国国家版本馆 CIP 数据核字(2023)第 227001 号

学前心理学　　　　　　　　　　　　秦　莉 ◎ 主编

责任编辑:辛新新　　　　　　责任校对:孔令清
装帧设计:王晴晴　汤彬彬　　责任印制:桑国磊
出版发行:安徽师范大学出版社
　　　　　芜湖市北京中路2号安徽师范大学赭山校区
网　　址:http://www.ahnupress.com/
发 行 部:0553-3883578　5910327　5910310(传真)
印　　刷:苏州市古得堡数码印刷有限公司
版　　次:2023年12月第1版
印　　次:2023年12月第1次印刷
规　　格:700 mm×1000 mm　1/16
印　　张:16.5
字　　数:255千字
书　　号:ISBN 978-7-5676-6546-0
定　　价:52.80元

凡发现图书有质量问题,请与我社联系(联系电话:0553-5910315)

前　言

习近平总书记在党的十九大报告中提出，要办好学前教育，在党的二十大报告中提出，要办好人民满意的教育，要加快建设高质量教育体系，强化学前教育普惠发展。这为我国学前教育发展指明了方向，提出了要求。要确保学前教育质量，必须有高水平的学前教育师资队伍作保障。培养具有现代儿童观，牢固掌握有关学前儿童心理发展与教育的基础知识和基本技能，能够解决学前儿童发展中实际问题的幼儿教师势在必行。

学前心理学是学前教育专业学生必修的一门专业基础课程，也是想获取幼儿园教师资格证书的准幼儿教师和未来从事幼儿教育的人员所必须掌握的一门课程，同时也是家长科学育儿需要学习的一门课程。它是一门研究0—6岁学前儿童心理发生发展的特点、规律与基本理论的科学。

本教材总共十章。第一章绪论，主要介绍学前心理学的研究内容、基本问题与研究方法等内容；第二章学前儿童心理发展理论，介绍国内外学前儿童心理发展理论及教育启示；第三章到第十章介绍学前儿童注意、感知觉、记忆、思维、言语、情绪情感、人格及社会性发展特点和培养策略。

本教材编写力争体现如下特色：

（1）突出思政育人，注重价值引领。将习近平新时代中国特色社会主义思想贯穿教材编写全过程，牢记立德树人根本任务，落实课程思政要求，使学生树立科学的儿童观、发展观与教育观，掌握学前儿童心理发展的特点和规律，尊重儿童发展差异，树立儿童优先发展、帮助儿童系好人生"第一粒扣子"、促进儿童身心全面健康发展的专业信念。

（2）遵循政策要求，注重学科前沿。教材紧密结合《教师教育课程标准（试行）》《幼儿园教师专业标准（试行）》《学前教育专业师范生教师职业能力标准（试行）》等文件中相关的专业素养要求，注重基础知识、基本理论等知识要点，通过"拓展阅读"介绍国内外学前儿童心理研究的最新研究成果，让学生了解学科前沿动态。

（3）强调学以致用，注重联系实际。教材体例和内容力求体现师范专业认证的"OBE"理念，突出体现"以儿童为中心"，遵循儿童学习心理发展规律、职业要求及教学规律，采用"思维导图、学习目标、案例导入、反思探究"等方式层层递进，充分体现"学""做"结合。

（4）本教材在编写过程中，为了增加表述的精确性、严谨性，同时兼顾表述的简洁性，会根据个体具体年龄阶段，将"学前儿童"具体表述为"婴儿""幼儿""儿童"，以上表述都是指"学前儿童"这一群体，请各位读者知悉。

本教材由滁州学院教育科学学院教师团队编写，秦莉担任主编，具体分工如下：秦莉（第一章、第二章）、徐涛（第三章、第六章）、李静（第四章、第五章）、吴锐（第八章）、李国峰（第七章、第九章）、刘雨（第十章）。本教材部分案例由滁州市教科院学前教育教研员龚定红、滁州市第二幼儿园窦祖红、滁州市第一幼儿园彭莉共同提供。本教材为滁州学院规划教材（2021ghjc04）和安徽省高校学科（专业）拔尖人才学术资助项目（gxbjzd2020018）成果。

本教材引用和借鉴了同行专家在该领域的最新研究成果，许多专家、同行给予了宝贵的意见，在此一并表示深切的感谢！由于编者学识水平和能力有限，教材难免存在疏漏和不当之处，敬请广大读者批评指正。

编　者

二〇二三年八月

目　录

第一章 绪 论

思 维 导 图

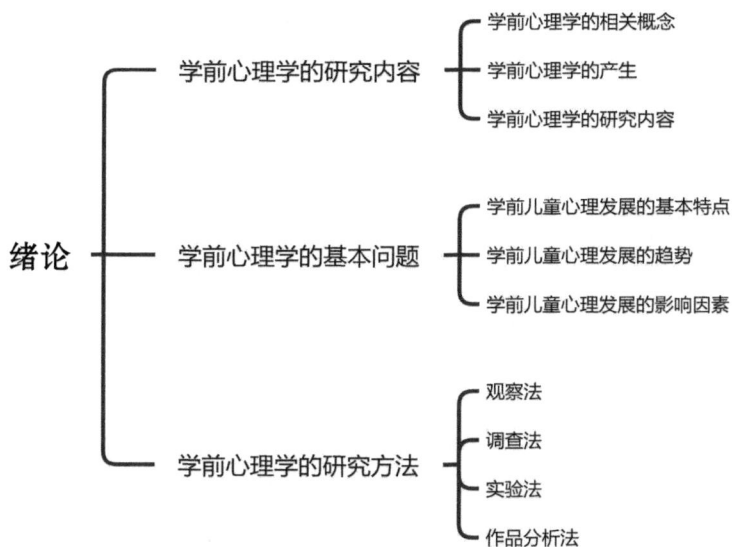

学 习 目 标

（1）具有科学研究精神，树立科学的儿童观，乐于为幼儿创造良好的发展条件与机会。

（2）了解学前心理学的研究对象与研究任务。

（3）掌握学前儿童心理发展的特点、趋势与影响因素。

（4）学会运用学前心理学常见的研究方法。

案 例 导 入

孟母三迁

孟子，名轲，是战国时期的大思想家。孟子从小丧父，全靠母亲一人日夜纺纱织布挑起生活重担。孟母是个勤劳而有见识的妇女，她希望自己的儿子读书上进，早日成才。孟母经常看到孟轲跟邻居家的小孩儿打架，孟母觉得这里的环境不好，于是搬家了。

有一天，孟母看见邻居铁匠家里支着大炉子，几个满身油污的铁匠师傅在打铁。孟轲呢，在院子的角落里，用砖块做铁砧，用木棍做铁锤，模仿着铁匠师傅的动作，玩得正起劲！孟母一想，这里环境还是不好，于是又搬了家。

这次她把家搬到了荒郊野外。一天，孟轲看到一支穿着孝服的送葬队伍，哭哭啼啼地抬着棺材来到坟地，几个精壮小伙子用锄头挖出墓穴，把棺材埋了。孟轲觉得挺好玩，就模仿着他们的动作，也用树枝挖开地面，认认真真地把一根小树枝当作死人埋了下去。直到孟母找来，才把他拉回了家。

孟母第三次搬了家。这次家的隔壁是一所学堂，有个胡子花白的老师教着一群大大小小的学生。老师每天摇头晃脑地领着学生念书，那拖腔拉调的声音就像在唱歌，调皮的孟轲也跟着摇头晃脑地念了起来。孟母以为儿子喜欢念书，很高兴，就把孟轲送去上学。

可是有一天，孟轲逃学了。孟母知道后伤透了心。等孟轲玩够了回来，孟母把他叫到身边，说："你贪玩逃学不读书，就像剪断了织布机上的线一样，织不成布；织不成布，就没有衣服穿。不好好读书，你就永远成不了人才。"说着，孟母抄起剪刀，把织布机上的线全剪断了。

孟轲吓得愣住了。这一次，孟轲心里真正受到了震动。他认真地思考了很久，终于明白了此中道理，从此专心读起书来，最终成为儒家学说的主要代表人物。

孟母为什么要搬家三次呢？影响儿童心理发展的因素有哪些？这些因素是如何起作用的？如何才能科学地了解和分析儿童的心理？通过本章的学习，将为你揭开神秘心理的面纱，让你了解并掌握学前心理学的基本知识，为以后的学习和将来从事幼教工作打下良好的基础。

第一节　学前心理学的研究内容

一、学前心理学的相关概念

（一）什么是心理学

德国著名心理学家艾宾浩斯说过：心理学有一个久远的过去，但仅有一个短暂的历史。也就是说，心理学是一门古老又年轻的科学。古老，是指心理学作为一门学科还未诞生之前，有关心理学的思想就早已出现，可以追溯到古希腊时期，已有两千多年的历史。年轻，是指心理学从哲学中分化出来，成为一门独立的学科才有一百多年的历史。1879年，德国心理学家冯特在莱比锡大学创建了世界上第一个心理学实验室，成为科学心理学诞生的标志。

心理学是研究人的心理现象及其发生发展规律的科学。要理解心理学的含义，可以从心理学的研究对象和心理的实质两个方面着手。

1.心理学的研究对象

心理学的研究对象是心理现象。人的心理现象就是通常所说的人的心理活动表现出来的各种形式、形态或状态，如感觉、知觉、记忆、思维、想象、情感、意志、气质、性格等。心理学通常将心理现象划分为心理过程和个性心理两大类。

（1）心理过程。心理过程是指人对现实的反映过程，包括认知过程、情感过程、意志过程。

①认知过程是指人脑对客观事物的现象和本质的反映过程，即人接受、储存、加工和理解信息的过程，包括感觉、知觉、记忆、思维、想象等。感觉和知觉是人类认识世界的起点和基础，学前儿童最初是通过看、听、尝、闻、摸等途径获得对周围世界的初步认识的。

②情感过程是指人们总是依据自己的某种需要去认识和反映客观事物，并且随着需要的满足与否，产生一种态度上的体验，如喜、怒、哀、乐等。学前儿童可能因为得到教师的表扬而高兴，进而喜欢上幼儿园，也有可能会因为其他幼儿抢走他的玩具而伤心难过，从而不喜欢上幼儿园。

③意志过程是指人在改造世界的过程中，能自觉地确定学习或工作目标，并能够根据目标调节自身的行为，克服困难去实现自己预定的目标。当学前儿童能够逐步控制或延迟满足吃零食、玩玩具等需求时，说明学前儿童已具有了一定的意志力。

心理过程是一个统一的过程，认知、情感和意志三者不是彼此孤立的，而是相互联系、相互制约的。情感和意志是在认知的基础上产生的，并随着认知过程的深化而不断变化发展；人的活动总是受到情感和意志的极大影响。情感是意志的积极动力因素；同时，意志又丰富着情感。

在学前儿童心理发展过程中，出现最早、发展最快、最先达到比较完善水平的是感知觉。另一种出现较早，对后来发展起到重要影响的心理现象是情绪和情感。思维和想象在1.5岁至2岁开始出现，它们的出现不仅意味着学前儿童的认知过程已完全形成，也引起了学前儿童原有的低级认知过程的质变。

（2）个性心理。个性心理是指一个人在心理发展进程中，经常表现出来的那些比较稳定的心理倾向和心理特点，包括个性倾向性和个性心理特征。

①个性倾向性是推动人进行活动的动力系统。它反映了人对周围世界

的趋向和追求，决定了人对现实的态度，是个性结构中最活跃的因素，主要包括需要、动机、兴趣、理想、信念、价值观、自我意识等。

②个性心理特征是个人身上经常表现出来的本质的、稳定的心理特征。它主要包括气质、性格和能力。例如，有的人性情暴烈、容易激动，有的人则性情温和、不随意发脾气；有的人勇敢顽强，有的人则怯懦软弱等。幼儿已经表现出明显的个性心理特征差异，比如有的幼儿喜欢独处，性子慢，喜欢玩安静的游戏；有的幼儿性子急，喜欢玩热闹、活动量大的游戏。

学前期是个性开始形成的时期，个性中的各种心理成分开始发展，特别是性格、能力、自我意识，表现出自身特有的态度与行为方式。学前期幼儿的个性只是初具雏形，个性诸要素还没有整合成稳定、完整、成熟的系统，大约到18岁时人的个性才基本定型。

心理过程和个性心理是心理现象的两个组成部分，两者是紧密相关的。个性心理是在心理过程的基础上逐渐形成和发展的，总是通过各种心理过程表现出来。同时，已形成的个性心理又积极影响着心理过程，使人的心理过程总带有独特的色彩。

2.心理的实质

人的心理是怎样产生的？它依存于什么？它来源于何处？这些问题是对心理现象的基本认识，也就是对心理实质的理解。科学心理学认为，人的心理是人脑对客观现实能动的反映。

（1）心理是脑的机能。现代科学表明，脑是心理的器官，心理是脑的机能。19世纪以来，随着科学技术的发展和解剖生理学的实验研究，人类对人脑的结构和功能逐渐有了更清楚的认识。研究表明，一定心理活动的发生总是与特定的脑的活动状态密切关联。生来脑发育就严重不健全的孩子，即使经过极大的努力，也不可能完全达到正常孩子的心理水平。人脑某处的损伤将导致相关心理机能的丧失或阻碍其正常发展。

学前儿童正处于大脑的快速发育阶段，需要丰富的环境刺激和充足的营养支持。一方面，成人要保护学前儿童的大脑，为学前儿童的大脑提供充足的营养，以便让他们拥有产生和发展正常心理活动的物质基础；另一方面，成人要为学前儿童创设安全、丰富的成长环境，促进学前儿童大脑的健康发展。

（2）心理是对客观现实的反映。脑是心理的物质载体，一切心理活动只有依附于脑及其机能才能实现，但这并不意味着有了人脑就有了人的心理现象。从心理的内容和源泉来看，人的心理是对客观现实的反映，是人脑与客观现实相互作用的结果。一个人脱离了客观现实，心理就成了无源之水、无本之木，各种心理现象就不可能产生。客观现实是指在人的心理之外独立存在的一切事物，它构成了人类赖以生存的环境。我们通常把环境分为自然环境和社会环境。相对而言，社会环境对人类心理的作用尤为重要。人的心理对环境依存性的有力佐证就是"狼孩事件"。所谓"狼孩"，是在婴儿时期被狼叼去，并被狼抚养长大的孩子。在印度曾发现狼孩，其生活习性和狼一样，用四肢走路，用双手和膝盖着地歇息，喜吃生冷的食物，用舌头舔食，怕光、怕火、怕水，不喜欢洗澡，也不习惯穿衣盖被。狼孩在回到人类社会后的两年七个月后才学会站立，12岁时才学会6个单词，14岁时才学会走路，15岁时才学会45个单词，并能用手吃饭，用杯子喝水，17岁时去世。"狼孩事件"说明，人一旦脱离了正常的生活环境，就无法产生正常人类的心理与行为。

因此，我们要引导学前儿童学会在周围世界中发现有趣的事物，满足他们的探究需求，还可以在外出旅游、参观时，利用新环境的丰富刺激，创设学前儿童心理健康发展的条件。

（3）心理的反映具有主观能动性。心理对客观现实的反映并非机械、照镜般的反映，而是一种主观能动的反映。人的心理的主观能动性表现在两个方面。一方面，人脑对现实的反映受个人态度、需要、情感、经验等的影响，从而使该反映具有个人色彩。例如，"仁者见仁，智者见智"。如看到地上茫茫的白雪，有的学前儿童说像雪白的棉花，有的学前儿童说像松散的白糖，而有的学前儿童说像厚厚的毯子或其他物体。另一方面，心理的主观能动性还表现在人不但能反映外部世界，还能认识自己，支配和调节自己的行为。例如，同样看到一棵苹果树，喜欢吃苹果的人想的是怎样才能摘到树顶的苹果；科研人员会考虑这棵苹果树是什么品种的、如何提高其挂果率、如何提高其抵御病虫害的能力等；园林设计师会考虑这棵苹果树是否可以用来做观景树；学前儿童则可能会观察树上排队爬行的小蚂蚁，想办法弄清楚小蚂蚁从哪里来，到哪里去。

学前儿童的心理也具有主观能动性。例如，幼儿教师让学前儿童画太阳，可是有的学前儿童画了好几个太阳，他们认为，冬天到了，太阳越多，森林里的动物就越暖和。同时，学前儿童心理的主观能动性还处于发展的初级阶段，所以，幼儿教师和家长不仅要了解学前儿童的心理特点，还要深入了解不同学前儿童的不同想法，做到因材施教，为促进学前儿童心理主观能动性良性发展创造有利条件。

（二）什么是学前儿童

学前儿童是学前心理学研究的核心对象。对学前儿童概念的理解有广义和狭义之分：广义的学前儿童，一般指的是从胎儿时期一直到入小学之前的儿童；狭义的学前儿童，是传统意义上的学前儿童，指的是入小学之前三年的儿童，即通常我们所说的幼儿。本书探讨的学前儿童主要指的是广义上的。按照国内外现行的分类，学前儿童分为婴儿期、先学前期、学前期等阶段。

1.婴儿期

婴儿期也叫乳儿期，年龄范围为0—1岁，包括新生儿期（0—1个月）、婴儿早期（1—6个月）和婴儿晚期（6—12个月）。

新生儿在先天反射的基础上建立初步的条件反射，具有初步的感觉分析能力，他们的视觉和听觉足以感知到发生在周围的事情，并且还能对这些感觉信息做出适应性反应。

1个月到1岁是个体身心发展的第一个加速期。在这个时期，婴儿不仅身体迅速发展，体重迅速增加，而且脑和神经系统也发展迅速。借助于快速发展的神经系统，婴儿的心理也获得了快速发展。婴儿已从一个自然的、生物的个体向社会的个体迈出了第一步。

2.先学前期

先学前期，也叫前幼儿早期，年龄范围为1—3岁。这一时期是真正形成人类心理特点的时期，表现为儿童在这一时期学会走路，开始说话，出现思维，有了最初的独立性，这些都是人类特有的心理活动。可以说，人的各种心理活动是从这个时期逐渐发展起来的。

3.学前期

学前期，也叫幼儿期，年龄范围为3—6岁，包括幼儿初期（3—4岁）、幼儿中期（4—5岁）、幼儿晚期（5—6岁）。这一时期是心理活动形成系统的奠基时期，是个性形成的最初阶段。幼儿期儿童的心理特征主要表现为：儿童心理活动的概括性和随意性比先学前期有了明显的发展，但总体上具体性和不随意性在儿童心理活动中仍占优势，儿童各种心理特征逐渐趋于稳定与一致，个性初步形成。

（三）什么是学前心理学

学前心理学是研究从出生到入小学前儿童心理特点和发展规律的科学，以0—6岁学前儿童的各种心理现象为研究对象，重在探讨其发展特点和规律。学前期是人的一生中生长发育最旺盛、变化最快、可塑性最大的时期之一。儿童在环境和教育的影响下，在以游戏为主导的各种活动中，心理发展迅速。生理机能的不断发展，身高、体重的增长，肌肉骨骼的发育，特别是大脑皮质结构和机能的不断成熟与完善，都为儿童心理的发展提供了物质基础。在儿童心理的发展过程中，无论是心理过程的发展，还是个性心理的形成，都呈现了这一年龄阶段所特有的特点和规律。

二、学前心理学的产生

科学的学前心理学的产生，除了与近代社会的发展、近代自然科学的发展密切相关外，有两大因素也起了直接的推动作用，那就是自然主义教育运动与进化论的影响。

（一）自然主义教育运动

捷克教育家夸美纽斯从人的本性出发，把儿童从出生到成年分为四个年龄阶段，并根据儿童的年龄特征，编写了一本图文并茂、系统讲述科学知识的书——《世界图解》。与此同时，他还提出了一系列符合儿童特点并能促进学前儿童心理发展的教育与教学原则。

进入近代社会以后，英国产生了新的儿童观和儿童教育思想，其中最为著名的是教育家洛克的教育思想。他在《教育漫话》中大力倡导"白板说"，宣称儿童的心灵好比"一张白纸或一块蜡"，后天的一切观念都是经验在心灵上刻下的印迹。他主张儿童行为表现的好坏、聪明或愚笨，对人仁慈或自私，都是环境教育的结果。因此，学前儿童心理发展的原因在于后天、在于教育。在他看来，学前儿童心理发展的差异十分之九是由教育决定的。他强调要培养儿童的兴趣，发展儿童的独立能力，并认为良好习惯的培养应从童年早期开始。

在法国，卢梭从根本上扭转了成人中心及社会本位的儿童观，实现了儿童观历史上的以儿童为中心的"哥白尼式的革命"。他主张一种"机能论"的观点，认为儿童发展的动力来自有机体自身，其发展过程是由自然的力量决定的。自然赋予儿童道德感和独特的不同于成人的思维方式，他们生来就能分清是非。自然为儿童安排了一个健康有序的成长过程，它包括四个不同的发展阶段：婴儿期、童年期、童年后期和青少年期。成人应尊重和接纳儿童每一个发展时期的独特需求，而不是用人为的教育训练干扰和破坏这一健康的发展过程。卢梭发表了有名的儿童教育小说《爱弥儿》，抨击当时的儿童教育违反儿童天性。在这本著作中，他充分阐述了要尊重儿童以及尊重儿童期的价值，并认为应该珍视儿童短暂的童年生活，承认儿童的发展由内在机制控制，必须让儿童按"自然"的进程去发展。自然主义教育运动的盛行，对了解儿童心理提出了更高、更迫切的要求。

（二）进化论

达尔文在《人类的由来及性选择》（1871）中提出了"人猿同祖"的观点，他认为人与动物具有心理上的连续性。在《人类和动物的表情》（1872）中，他进一步分析了人类与动物表情上的共性和共同的发生根源。达尔文不仅按种系演化的途径研究了人类心理的发生与发展，也按个体变化的途径研究了个体心理的发生与发展。他认为，通过对儿童的观察研究，可以了解人类心理的发展。他还揭示了动物心理向人类心理演变的过程，儿童是研究进化最好的自然实验对象。达尔文根据长期观察自己孩子心理发展的记录而写就的《一个婴儿的传略》（1876），是儿童心理学领域早期的个案研究成果之一。

儿童心理学的创始人霍尔把达尔文的"进化论"思想、海克尔的"复演论"思想融为一体，并运用到发展心理学上。他提出个体在出生以前即胎儿期复演了动物进化的过程，在4岁前的婴幼儿期复演了动物到人的进化阶段，在4—8岁的儿童期复演了人类从蒙昧向文明过渡的农耕时代。他提倡发展心理学的研究对象包括儿童、青年、老年，奠定了目前发展心理学以毕生发展为研究取向的基础，其进化论儿童观开创了现代学前儿童心理发展思想之先河。

（三）科学儿童心理学

19世纪后半期，德国生理学家、心理学家普莱尔为科学儿童心理学的发展做出了杰出贡献，从而成为科学儿童心理学的奠基人。他对自己的孩子从出生到3岁每天进行系统观察，有时也进行一些实验研究，最后把这些记录和结果整理成一部著作《儿童心理》，于1882年出版。该书被公认为第一部科学的、系统的儿童心理学专著，这本书的出版也标志着科学儿童心理学的诞生。普莱尔的《儿童心理》共分三编：第一编讲感觉的发展（关于视觉、听觉、肤觉、嗅觉、味觉和机体觉的发展）；第二编讲意志的发展（主要关于动作的发展）；第三编讲智力的发展（主要关于语言的发展）。在该书中，他旗帜鲜明地反对当时盛行的"白板说"，阐述了遗传、环境、教育在学前儿童心理发展中的作用。普莱尔的研究对象主要是3岁前的婴幼儿，对当前积极开展的婴幼儿早期心理研究仍有启发意义。

三、学前心理学的研究内容

学前心理学的研究可以用"WWW"来表示：What（是什么），揭示或描述心理发展过程的共同模式或特征；When（什么时间），指这些模式或特征发展变化的时间表；Why（什么原因），对发展变化的过程进行解释，分析发展变化的影响因素，揭示发展的内在机制。

（一）描述学前儿童心理发展的普遍行为模式

学前心理学学科的创立，最根本的目的是揭示学前儿童心理发展的普遍行为模式。行为模式是指个体在解决问题的过程中所表现出来的现实的心理发展水平，它既包括外显的行为特质，也包含内隐的心理特征。

例如，学前儿童的身体动作是怎样发展变化的，学前儿童的语言是怎样发展的，学前儿童的认知、社会性、情绪及道德是怎样发展的，等等。这是学前心理学首先要探讨的问题，也是学前心理学得以创立的一个基本前提。但是，心理发展模式应该具有普遍意义，即反映生活在各种社会文化背景下的学前儿童共同具有的心理发展过程。

（二）揭示学前儿童心理发展的原因和机制

我们不仅要了解学前儿童心理发展的普遍模式和存在的个别差异，更需要揭示引起学前儿童心理发展变化的原因。例如，学前儿童是怎样获得语言的？学前儿童思维不断向前推移的条件是什么？对这些内容的研究标志着学前心理科学的成熟水平。

（三）解释和测量学前儿童的个别差异

对学前儿童心理发展普遍模式的描述，为我们提供了学前儿童心理成长的基本框架。每个学前儿童发展经历的阶段或发展变化的模式是相同的，但其发展的速度、各种心理过程和行为的特点、最后达到的水平并不相同。例如，刚刚出生的孩子有明显的个体差异。心理学家认为，儿童是带着先天的气质特征降临于世的，这些先天的气质特征更多地受儿童神经系统活动类型的影响，也部分地反映了胎儿期受到环境刺激的状况。学前儿童之间的这些差异是怎么形成的？这些差异如何才能得到准确的测定？如何科学地解释这些个体差异？这也是学前心理学研究的基本内容。

（四）探究不同环境对学前儿童心理发展的影响

决定学前儿童心理发展的主要是遗传与环境因素。遗传的作用在学前儿童出生时就已经充分体现了，环境则是在学前儿童成长过程中不断地施加影响。学前儿童接触时间最长、对其影响最大的环境因素分别是家庭、幼儿园和社区。例如，就家庭而言，家长的养育方式、文化水平、职业状况、家长个性、亲子关系的质量、不同的家庭结构（完整家庭或离异家庭）等是对学前儿童产生影响的主要因素。幼儿园中的师幼关系、同伴关系、教师的教学与管理方式等，会对不同的学前儿童产生不同的影响。不同的生态环境又会对学前儿童心理发展产生什么样的影响？这是学前心理学研究的又一重要课题。了解不同生态环境对学前儿童心理发展的影响，既有助于揭示学前儿童心理发展的原因和机制，又可以为营造学前儿童健康发展的环境提供指导与帮助。

（五）提出帮助和指导学前儿童发展的具体方法

学前心理学是一门理论紧密联系实际的学科。描述学前儿童心理发展的普遍行为模式，揭示学前儿童心理发展的原因和机制，解释和测量学前儿童的个别差异，探究不同环境对学前儿童心理发展的影响，帮助学前儿童顺利地度过每个发展阶段，帮助学前儿童解决在发展中遇到的困难，这些都是学前心理学研究的目的。

第二节　学前心理学的基本问题

一、学前儿童心理发展的基本特点

一个人的心理是不断发展和变化的，其心理发展过程和个性心理特征也不是固定不变的，而是处在一个不断发展变化的过程中。但是并非所有的心理变化都可以叫作心理发展。例如，由于病理原因而发生的心理上的变化就不能称为心理发展。所谓心理发展主要是指个体从出生到老年期的心理活动所发生的积极变化。人在心理上所发生的积极变化过程，实质上就是指个体从出生之日起，随着实践活动的不断发展和大脑结构与机能的日益完善，对客观现实的整个反映活动的扩大、改善和提高的过程。

学前儿童心理发展的一般特点有：

（一）发展具有方向性和顺序性

学前儿童心理发展具有一定的方向性和先后顺序，既不能逾越，也不会逆向发展，按由低级到高级、由简单到复杂的固定顺序进行。如个体动作的发展就遵循以下三个规律：自上而下，由近及远，从大肌肉、大幅度的粗动作到小肌肉的精细动作。这些规律可概括为动作发展的头尾律、近远律和大小律，体现在每个儿童身上都是如此。同时，儿童体内各大系统成熟的顺序是神经系统、运动系统、生殖系统；大脑各区成熟的顺序是枕叶、颞叶、顶叶、额叶；脑细胞发育的顺序是轴突、树突、轴突的髓鞘化。这种方向性和不可逆性在某种程度上体现的是基因在环境的影响下不断把遗传程序编制显现出来的过程。

（二）发展具有连续性和阶段性

学前儿童心理发展是连续的还是分阶段的？心理学家们一直存在着争议。强调发展是由外部环境所决定的心理学家，认为发展只有量的积累，即一小步一小步渐进地，不存在什么阶段；强调发展主要是由内部成熟或遗传所决定的心理学家，更倾向于认为发展是有阶段的，是跳跃式地以产生新的行为模式的形式开展的。目前，综合的看法是，心理发展既体现出量的累积又表现出质的飞跃，即心理发展既具有连续性也具有阶段性。

连续性是指学前儿童心理发展是一个连续的过程。这种连续性主要表现在两个方面：一是指心理的前后发展有着内在的必然联系，前一阶段为后一阶段准备了条件，后一阶段是前一阶段的继续和发展；二是指心理的发展进入高一级水平后，原先的发展水平并不是简单地消亡，而是被高一级的发展水平所整合和包容。这跟其他一切事物发展一样，是一个不断矛盾统一、从量变到质变的发展过程，即量变和质变的统一，先有量变，量变积累到一定程度发生质变。

阶段性是指学前儿童在发展的各个不同年龄阶段所形成的一般的、典型的、本质的心理特征。儿童心理发展的连续性和阶段性不是绝对对立的，而是辩证统一的。如学前儿童思维发展的主要特征是具体形象性，但幼儿初期仍保留直观行动思维的特征，幼儿晚期抽象逻辑思维才开始萌芽。

（三）发展具有不平衡性

个体从出生到成熟并不总是按相同的速度直线发展的，而是体现出多元化的模式。学前儿童心理发展的不平衡性表现在：不同年龄阶段的心理发展，具有不同的速度；不同的心理过程，具有不同的发展速度；不同的儿童，具有不同的心理发展速度。

拓展阅读：发展的关键期和敏感期①

关于心理发展是否具有关键期，最早起源于动物心理学家劳伦兹（K.Lorenz，1903—1989）对动物印刻（imprinting）行为的研究。劳伦兹发现鹅、鸭、雁之类的动物在刚刚孵化出来时，如果让其接触其他种类的鸟或会活动的东西（如人、木马、足球），它们就会把这些东西当作自己的母亲紧紧跟随，对自己的同类"母亲"却无任何依恋。这种现象好似在凝固的蜡上刻上标记一样，故称"印刻"。劳伦兹还认为这种现象只发生在极短暂的特定时刻，一旦错过了这个时机就无法再学会，因此又称关键期为"最佳学习期"。

尽管早期的一些儿童发展专家非常强调关键期的重要性，但新近的认识发生了一些变化，在许多领域，个人可能比最初想象的更灵活，特别是在认知、个性和社会性发展领域。这些领域的发展存在着一个明显的可塑性程度，行为或生理结构的发展在某种程度上是可以改变的。例如，越来越多的证据表明，儿童可以利用后来的经历帮助克服早期的缺陷，而不会完全因为缺乏某些类型的早期社会经历而遭受永久性的伤害。因此，现在大多数发展研究者更喜欢用敏感期，而不是关键期。在敏感期，机体特别容易受其环境中某些类型的刺激的影响。敏感期是特定能力出现的最佳时期，在这一时期，儿童对环境影响特别敏感。例如，在敏感期缺乏语言接触可能会导致婴幼儿语言产生延迟。

重要的是要理解关键期和敏感期概念之间的区别。关键期假定某些类型的环境影响会对发展中的个体产生永久的不可逆转的后果；相比之下，虽然敏感期也假定缺乏特定的环境影响可能会阻碍发展，但后来的经验有可能克服早期的不足。换句话说，敏感期的概念认识到了发展的可塑性。

---

① 邓赐平.儿童发展心理学[M].4版.上海:华东师范大学出版社,2023:14.

（四）发展具有差异性

同年龄的学前儿童在心理发展上存在着明显的差异。这种差异主要表现在每个学前儿童的发展优势，发展的速度、高度。例如，有的学前儿童观察能力强，有的学前儿童记忆力好；有的学前儿童爱动，有的学前儿童喜静；有的学前儿童早慧，有的学前儿童则开窍较晚。

二、学前儿童心理发展的趋势

学前儿童心理发展的趋势表现为从简单到复杂，从具体到出现抽象概括的萌芽，从被动到出现最初的主动性，从零乱到成体系，而且这种发展趋势贯穿学前儿童心理发展的各个方面。

（一）从简单到复杂

学前儿童最初的心理活动只是简单的反射活动，之后越来越复杂化，这种发展趋势表现在两个方面：

1.从不齐全到齐全

学前儿童的心理过程和个性开始时并不齐全，而是在发展过程中逐渐完善的。比如，儿童1.5岁以前还没有产生想象活动，2岁左右开始产生人类所特有的言语和思维活动。各种心理过程的出现和形成遵循由简单到复杂的发展规律。在个性形成后，学前儿童的心理就比最初复杂得多。

2.从笼统到分化

学前儿童的各种心理活动都是从混沌、笼统逐步向分化、明确发展的。比如，学前儿童最初的情绪只有愉快和不愉快之分，后来逐渐分化出喜爱、高兴、痛苦、伤心、嫉妒、害怕等复杂多样的情感。

（二）从具体到抽象

学前儿童的心理活动是由具体向概括化、抽象化发展的。比如，在认识发展过程方面，学前儿童最初出现的是感觉，之后出现较为概括化的知觉和想象的发展，再过渡到抽象思维的萌芽；在情绪发展过程方面，表现为最初引起情绪变化的对某种物质需求的满足，逐步发展到对某些抽象事物需求的满足。

（三）从被动到主动

学前儿童的心理活动由被动性逐渐向主动性发展起来，这种发展趋势具体表现在以下两个方面：

1.从无意向有意发展

学前儿童的心理活动最初是无意的，或称不随意的，即直接受外来影响的支配。学前儿童的注意、记忆、情感等心理活动最初都是无意的，之后向着有意的或随意的方向发展，出现有意注意、有意记忆等。最初各种心理活动以无意性为主，后来发展到以有意性为主。

2.从受生理制约向自主调节发展

学前儿童的心理活动，很大程度上受生理的制约和局限。比如，两三岁的儿童注意力不集中，坚持性不强，主要是生理不成熟所致。随着儿童生理的成熟，生理对心理活动的制约逐渐减弱，心理活动的主动性逐渐增强，四五岁的儿童在做自己喜欢的事情时，可以保持较长时间的注意力。在生理发育达到足够成熟的时候，儿童心理发展的方向以及心理发展的速度都和儿童心理活动本身的主动性有密切的联系。

（四）从零乱到成体系

学前儿童的心理活动之间缺乏有机的联系，最初是零散杂乱的，心理活动很容易因情境而改变。例如，幼儿一会儿笑一会儿哭，一会儿说东一会儿说西，一会儿堆积木一会儿开火车等，都是心理活动没有形成体系的表现。随着年龄的增长，儿童心理活动逐渐有了整体性和系统性，产生了稳定的倾向性，出现了特有的个性。例如，有的孩子喜欢宇宙飞船，无论何时何地，都会对宇宙飞船表现出持久的兴趣。心理活动体系的形成和心理活动的抽象概括化与主动性的发展密不可分，同时体现了心理活动的复杂化。

三、学前儿童心理发展的影响因素

影响学前儿童心理发展的因素是极其复杂的，可以分为客观因素和主观因素。客观因素是学前儿童心理发展不可缺少的外在条件，主观因素是学前儿童心理本身的特点。

（一）客观因素

1.生物因素对学前儿童心理发展的作用

遗传素质和生理成熟是制约学前儿童心理发展的生物因素。良好的遗传素质和生理成熟是学前儿童心理发展的自然物质前提，为学前儿童心理发展提供了可能性。

（1）遗传素质。遗传素质是指遗传的生物特征，即天生的解剖生理特点，如人体的形态、构造、血型、头发和神经系统等的特征，其中对学前儿童心理发展更具有重要意义的是神经系统的结构和机能特征。

遗传素质对学前儿童心理的形成与发展有着非常重要的影响作用，具体表现在以下两个方面：

第一，遗传素质为学前儿童心理发展提供了最基本的物质前提。正常的大脑和神经系统是学前儿童心理发展的基础。而有些儿童会因为遗传缺陷存在先天的智力障碍或其他的身心发育不全，他们的心理发展会落后于正常儿童的心理水平，甚至造成成年后的适应困难。比如，生来双目失明的孩子，难以发展绘画能力；生来有听力或语言障碍的孩子，难以发展音乐才能。由此可见，没有正常的遗传素质，就难以有正常人的心理。

第二，遗传素质奠定了学前儿童心理发展个别差异的最初基础。遗传素质的不同是造成个体差异的重要基础，它为每个个体的发展提供了不同的可能性。有研究表明：血缘关系越近，智力发展的相关程度越高。同卵双生子的智力相关性最高，异卵双生子次之，无血缘关系的儿童最低，见表1-1。可见，遗传素质不同是造成学前儿童心理发展个别差异的重要基础，具有不同遗传素质的儿童，其最优发展方向是不同的。

表1-1 不同血缘关系儿童的智力关系

遗传变量	同卵双生子		异卵双生子	非孪生兄弟姐妹	无血缘关系的儿童
环境变量	一起长大	分开长大	一起长大	一起长大	一起长大
智商相关程度	0.87	0.75	0.53	0.49	0.23

（2）生理成熟。生理成熟也称生理发展，是指儿童身体成长发育的程度或水平。儿童的生理成熟具有一定的规律性，主要体现在发展的顺序和速度上。

第一，生理成熟的程序制约着儿童心理发展的顺序。儿童的生理发展具有一定的顺序性，生理发展的顺序性为儿童心理活动的出现与发展的顺序性提供了基本前提。例如，儿童身体生长发育的顺序为首尾方向（从头到脚）和近远方向（从中轴到边缘）。儿童头部发育最早，其次是躯干，再次是上肢，最后是下肢。儿童体内各大系统成熟的顺序：神经系统最早成熟，骨骼肌肉系统次之，最后是生殖系统。

第二，生理成熟为儿童心理发展提供物质前提。生理成熟对儿童心理发展的具体作用是使心理活动的出现或发展处于准备状态。若在某种生理结构达到一定成熟时，能适时地给予恰当的刺激，就会使相应的心理活动有效出现或发展。如果生理上尚未成熟，也就是没有准备充分，即使给予某种刺激，也难以取得预期的结果。

第三，生理成熟的个别差异是儿童心理发展个别差异的生理基础。生理成熟的个别差异对儿童接受环境的影响起着制约作用，使儿童从出生起就以独特的方式对外界的影响做出反应，并使这种反应带有某种倾向性和选择性。儿童反应方式的独特性还进一步影响成人的抚养方式和周围人同他交往的方式，这就使儿童的行为模式更加多样化。例如，多血质的儿童容易形成活泼开朗、善于交际的性格，而抑郁质的儿童易于形成忧郁伤感、孤僻独处的性格。

2.环境和教育因素对学前儿童心理发展的作用

遗传素质和生理成熟为心理发展提供了自然基础和物质前提，为心理发展提供了可能性，但要使这种可能性变成现实，还要取决于环境。环境分为自然环境和社会环境，自然环境为儿童提供生存所需要的物质条件，如空气、阳光、水分和养料等；社会环境是指儿童的社会生活条件，包括社会的生产力发展水平、社会制度、儿童的家庭情况等，教育是儿童的社会环境中最重要的部分。对于儿童心理的发展而言，社会环境对个体发展的影响更为深远，主要是指社会生活条件和教育的作用。

环境和教育因素对学前儿童心理发展的影响体现在以下三个方面：

第一，社会环境使得遗传所提供的心理发展可能性变为现实。儿童如果不生活在人类的社会生活环境里，即使遗传为心理发展提供了可能性，这种可能性也不会变成现实。世界各地发现的野兽哺育长大的孩子就是有力的证明，早期隔离实验（也称剥夺实验）和现实生活案例也都证明了这一点。还有研究发现，在孤儿院长大的孩子，由于缺乏固定的照料者，很少有机会建立良好的同伴关系，与在正常家庭中长大的孩子相比，他们在情绪社会性方面的发展有缺陷，并且这种不良影响会一直持续到他们成年。

拓展阅读："母爱剥夺"实验①

美国威斯康星大学动物心理学家哈洛用恒河猴做的"母爱剥夺"实验是心理学界的经典实验。他们将刚出生的"婴猴"脱离母亲的哺养，单独关在笼子里。笼子里装有两个"代理妈妈"：一个用铁丝编成，身上装有奶瓶；另一个用绒布做成，身上不设奶瓶。小猴饥饿时在铁丝妈妈身上吃奶，但当小猴歇息或恐惧时便趴到绒布妈妈身上去。研究发现，小猴不仅需要食物，还有一种先天的需要便是与母亲亲密的身体接触。哈洛称之为"接触安慰"。

---

①宋丽博.学前儿童发展心理学[M].4版.北京:高等教育出版社,2022:211.

实验表明，婴猴具有先天的接触安慰的需要。与正常成长的同龄伙伴相比，在这种缺乏真实母亲养护的环境中成长起来的猴子，缺少群体性行为，不合群，富于侵犯性，怯于探索环境，且不能适应未来的生活。母爱剥夺的后果是极其严重的，而且今后要花很大力气才有所弥补。

第二，环境影响遗传素质的变化和生理成熟的进程。生理成熟受遗传影响较大，但是也不能忽视环境对生理成熟的影响。如母亲怀孕时的情绪、营养状况、行为方式等都会对胎儿的生长发育产生影响。儿童如果长期营养不良，也会影响身体的正常发育。

第三，社会生活条件和教育制约儿童心理发展的水平和方向。马克思在《关于费尔巴哈的提纲》中指出："人的本质并不是单个人所固有的抽象物。在其现实性上，它是一切社会关系的总和。"儿童的心理，从一开始就是社会的产物，儿童心理的发展要靠不断学习、靠文化传递、靠人类群体的经验、靠社会生活和教育的影响。教育属于社会生活条件中的一种，但教育和其他一般的社会生活条件的影响不同。教育是一种有目的、有计划、有系统的影响，是由一定的教育者按照一定的教育目的对环境影响加以选择，将其组织成一定的教育内容，并且采取一定的教育方法对儿童心理施加影响。因此，幼儿园教育教学的水平发展越高，对学前儿童心理发展的主导作用就越大，就越能促进学前儿童心理的健康发展。

（二）主观因素

人心理的最大特点是具有主观能动性，遗传和环境所起的作用必须通过儿童心理内部的因素来实现。儿童不是被动地接受外界因素影响，其本身也积极地参与并影响自身的发展过程，正如心理学家阿德勒所说："每一个个体既是一幅画，又是画的作者。"[1]影响学前儿童心理发展的主观因

①阿尔弗雷德·阿德勒.儿童的人格教育[M].2版.彭正梅,彭莉莉,译.上海:上海人民出版社,2011:2.

素主要是指儿童心理内部的因素。

1.儿童心理内部的因素是相互联系、相互影响的

儿童的心理活动包括需要、兴趣爱好、能力、性格、自我意识以及心理状态等，这些成分之间是相互联系的。如，儿童的兴趣爱好会影响其坚持性和能力的发展。在儿童感兴趣的游戏里，儿童的坚持性有明显的提高。儿童学钢琴，爱好弹琴的很快就掌握了一些基本能力，不爱好的则学习起来特别费力或始终学不会。性格同样影响儿童心理活动的积极性。反应快、易冲动的儿童较喜欢去完成多变的任务。安静、反应迟缓的幼儿有耐心，能够坚持较长时间做细致的工作。

2.儿童心理的内部矛盾是推动儿童心理发展的根本原因

儿童心理的内部矛盾可以概括为两个方面，即新的需要和旧的心理水平或状态，两者构成心理内部不断发生的矛盾，这是推动儿童心理发展的根本动力。如1岁左右的幼儿在和成人接触中，产生了说话的需要，那时他还不会说话，这种矛盾就促使他学习说话。当幼儿渴望用语言与他人交流，而自身的语言发展水平又无法做到时，新的需要与旧的状态产生矛盾，激发幼儿学习语言的欲望，从而促进幼儿语言能力的发展。

儿童心理内部矛盾的两个方面又是相互依存的。一方面，儿童的需要依存于儿童原有的心理水平，需要总是在一定的心理发展水平基础上产生的。过难的内容不能引起儿童的学习兴趣，毫无熟悉之感的事物不能吸引儿童的注意，就是因为外界事物脱离了儿童心理发展的已有水平或状态。另一方面，一定心理水平的形成又依存于相应的需要。教育的任务就是根据儿童已有的心理水平和心理状态，提出恰当的要求，帮助儿童产生新的矛盾运动，促进其心理发展。

综上所述，客观因素和主观因素都对学前儿童心理的发展起着重要的作用。只有正确认识它们之间的相互作用，才能弄清影响学前儿童心理发展的因素，从而充分利用各种因素促进学前儿童心理健康发展。

第三节 学前心理学的研究方法

普通心理学的一些基本研究方法，如观察法、问卷法等，也适用于研究学前儿童心理的发展。但是在对学前儿童心理的研究中，运用这些方法时要考虑儿童的年龄特点。学前儿童心理研究中常用的研究方法有观察法、调查法、实验法、作品分析法等。

一、观察法

（一）定义

观察法是指研究者通过感官或辅助仪器有目的、有计划地收集处于自然情境中的个体在日常生活、游戏、学习和劳动过程中的表现，包括其言语、表情和行为，并根据观察结果分析个体心理发展的特点和规律的方法。观察法是研究学前儿童心理活动的基本方法。学前儿童的心理活动有突出的外显特征，通过观察他们的外部言行，可以了解他们的心理活动。

历史上，早期的儿童心理研究大都运用观察法。如英国达尔文的《一个婴儿的传略》、德国普莱尔的《儿童心理》、中国陈鹤琴的《儿童心理之研究》、苏联梅钦斯卡娅的《儿童发展·母亲日记》等，都是对儿童长期观察的结果。

案例：陈一鸣的观察记录，第478天

智慧的发展：今天他玩一个木球滚到了椅子下面，他就跪下去拿，不过椅子的档把他挡住了，他拿不着就喊起来，叫人来拿，但是没人去帮他，后来他爬到没有档的一面拿到了。这里可以证明他的智慧已经发展得很高了。从前他拿不着东西就喊叫，并不能想出第二个方法来对付它，现在一个方法不成就想出第二个来，第二个不成又想出第三个来，当儿童智慧已经发展到这样地步的时候，做父母的不应当事事为他代做，以阻止他智慧的发展。[①]

（二）实施步骤

一次完整的观察，一般应包括选择要观察的某种行为→确定观察的范围（对象、时间、空间）→量化观察指标→讨论并确定观察法实施程序与方法→收集与记录观察结果→资料分析→撰写观察报告。实施观察法需要注意以下几个方面：

1.做好观察前的准备工作

观察前的准备工作包括明确观察目的、制订观察计划、做好物质准备等三项内容。首先，根据研究任务和观察对象的特点确定观察目的；其次，制订详细的观察计划，一般包括观察目的、观察内容、观察时间和地点、观察的记录方法、观察的注意事项等；最后，根据观察需要做好物质准备，如观察记录表格的制作、安装观察所需的仪器等。

2.观察记录和内容描述要客观

在观察记录中，对事件的描述要尽可能客观、准确，使用具体的、非评判性的语言来表述，不加入观察者的任何个人意见、假设或推论。如"穿黄色上衣的儿童靠在墙边，眼睛望着地板，嘴角下垂"和"穿黄色上衣的儿童沮丧地靠在墙边"，两种表述比较起来，前一句是客观的事实描述，后一句则带有观察者的主观判断，显然前一句表述更客观。

3.对观察结果的分析和解释要全面

学前儿童的发展具有整体性，在对观察记录资料进行整理分析时应综合考虑多方面的因素，如学前儿童年龄、身体状况、家庭背景及生活经验等。同时还应对学前儿童身心发展的特点有所了解。另外，观察者不能仅凭一次观察结果就对学前儿童进行评价，还应结合教学和生活实际去分析学前儿童行为产生的原因。为了排除观察的偶然性，也可以在较长时间内

[①] 陈鹤琴.陈鹤琴教育文集[M].北京:北京出版社,1983:80.

反复观察。

（三）优缺点

观察法的最大优点在于：它能通过观察直接获得资料，不需要其他中间环节，资料比较真实；在自然情境下观察儿童，可以获得生活的资料；观察具有及时性，能捕捉到儿童正在发生的行为，还能收集到一些无法言表的儿童活动资料。其缺点在于：在真实世界中，研究者能观察的目标有限，一般只能观察外显行为，像动机、偏好、态度、意见等研究不适合用观察法；存在一定的观察偏差，观察者需要对观察结果进行推论或解释，在解释过程中可能带有观察者的主观判断；受条件限制，收集到的观察资料存在一定局限性。观察者处于被动地位，很难预测行为发生时间，使得观察事项可遇不可求，观察成本高且耗时。

二、调查法

（一）定义

调查法是通过间接收集被研究学前儿童的各种有关资料，并对收集到的资料进行定性、定量分析，以了解和分析学前儿童心理现象与问题的方法。根据调查的手段不同，可将调查法分为问卷法和访谈法。

（二）问卷法

问卷法是用一套按照一定程序和要求编制的题目来收集数据资料的方法，即设计一套题目，请学前儿童的家长或者老师作答，然后统计分析问卷结果，分析学前儿童心理发展状况。问卷法的优点是可以在较短时间内获得大量资料，所得资料便于统计，较易得出结论。

使用问卷法时，需注意以下几个方面：问卷中的题目要清晰明确，通俗易懂；问卷中的题目要按照从大到小、从一般到特殊的顺序来排列；问卷编制后要进行预试；要考虑问卷的回收率和有效率。

问卷法的优点：能够避免因研究者口头表达方式的差异而造成的调查结果的偏误，减少调查资料中的误差；能在较短的时间内收集大量资料，节约时间和经费；所获资料便于统计分析，容易得出结论。问卷法的缺点：对年龄偏小或文化水平较低的群体，往往难以进行；被调查者对题目的回答有时难辨真伪，进而影响问卷结果的真实性；往往只能反映一些表面的现象，难以深刻揭示学前儿童复杂的心理状态。

（三）访谈法

访谈法是指研究者根据一定的研究目的和计划与研究对象进行交谈，询问他们的看法或态度，了解他们的想法，从中分析其心理特点的研究方法。访谈法是一种研究性谈话，能够从访谈对象处收集到第一手研究资料，比较适合于年龄较小、缺乏书面文字阅读能力的学前儿童。

对学前儿童使用访谈法时需要注意以下几个方面：访谈问题应具体形象，易于儿童理解；创设恰当的访谈氛围，通过引导过渡到谈话内容，可从幼儿感兴趣的话题入手；访谈时间不宜过长，一般以30分钟左右为宜；访谈态度应客观、宽容，不带任何偏见；访谈记录要详尽、全面、客观；尊重受访者的情感、社会性的成熟度及其家庭和社会背景，提出的问题应是适宜的，能被接受的。

访谈法的优点：灵活性大，可根据具体情况调整问题顺序，通过补充询问和引导获得更深入、更生动、更丰富的材料；简单易行，适用面广，对年龄偏小和文化水平低的个体同样适用；直接交谈的方式能确保获得的资料比较真实可信。访谈法的缺点：费时费力，不适合做大范围调查；对于敏感性的问题，受访者难以给出真实回答；访谈结果的科学性和有效性容易受到研究者主观因素的影响，如访谈技能和研究素养；标准化程度低，所收集的资料难以进行定量分析。

三、实验法

（一）定义

实验法是指研究者对某些变量进行操纵和控制，创设一定的活动情境，发现由此引起的心理现象的规律性变化，以探讨学前儿童心理发展的原因和规律的研究方法。实验法是学前儿童心理研究的重要方法，它可以通过操作自变量来检验事物间是否存在因果关系，能够发现并揭示出学前儿童心理发展的客观规律。

（二）实施步骤

使用实验法的步骤：确定研究目的与内容→选择实验对象→控制无关因素干扰→实施实验因素干扰→收集和整理材料→比较分析、撰写报告。对学前儿童实施实验法时需要注意：实验是否会引起儿童不良反应，是否会影响儿童的身心健康。使用实验法时通常只针对某一种心理状态，尽量避免引起其他心理状态而产生相互间干扰。

（三）优缺点

实验法的优点：采用科学研究的方法对学前儿童心理发展的规律进行研究，有助于科学揭示学前儿童心理发展与影响因素之间的因果关系；研究者可以主动控制研究过程，操纵研究条件。自然实验法还具有可反复验证的特点，有很强的操作性。

实验法的缺点：对研究条件要求较高，实验研究过程需要进行比较严格的控制；在实验研究中需要考虑到学前儿童的发展与成长，避免对其产生负面影响，因此实验内容、实验范围受到一定的限制；对于自然实验法来说，无法完全控制无关变量，只能相对控制一些无关因素。

四、作品分析法

（一）定义

作品分析法是指研究者依据儿童的作品（绘画、舞蹈、泥塑、拼搭等）分析儿童心理特点的方法。作品是学前儿童表达自我认识和情感的重要方式，也是个性和创造性自我表现的重要方式。当学前儿童还不会用文字来表达他们内部言语的时候，作品就成了他们内心世界最好的诠释，能展示儿童眼中的世界和丰富的想象力，展示他们独特的认知和生活经验。

（二）实施步骤

使用作品分析法的步骤：明确具体研究目标→确定分析目标→选择作品抽查方法→实施操作→研究资料的统计与分析→得出结论。

（三）优缺点

作品分析法的优点：更容易排除因学前儿童防范心理产生的信息失真；研究不受时间、空间条件的限制，研究涉及范围广，收集资料速度快、效率高、手段多样化。

作品分析法的缺点：学前儿童在创造过程中往往用语言、表情、动作等交流方式补充作品不能表达的思想，因此对儿童作品的分析不能脱离儿童的创作过程，否则很难真实完整分析学前儿童的心理活动。

综上所述，学前儿童心理研究方法多种多样，在实际研究过程中，研究者需要根据不同的研究目的和课题，以及研究的具体条件，灵活运用多种研究方法，以便更客观深入地研究学前儿童心理的发展特点和规律。

┌─┬─┬─┬─┐
│反│思│探│究│
└─┴─┴─┴─┘

（1）联系实际，举例说明生活中存在哪些心理现象。

（2）你觉得学习学前心理学对幼儿教师有什么意义？

（3）幼儿园小班幼儿入园时通常会哭闹一段时间，请设计一个详细的观察方案，分析幼儿入园哭闹的规律和原因，尝试提出一些帮助小班幼儿快速适应幼儿园的具体措施。

第二章　学前儿童心理发展理论

思　维　导　图

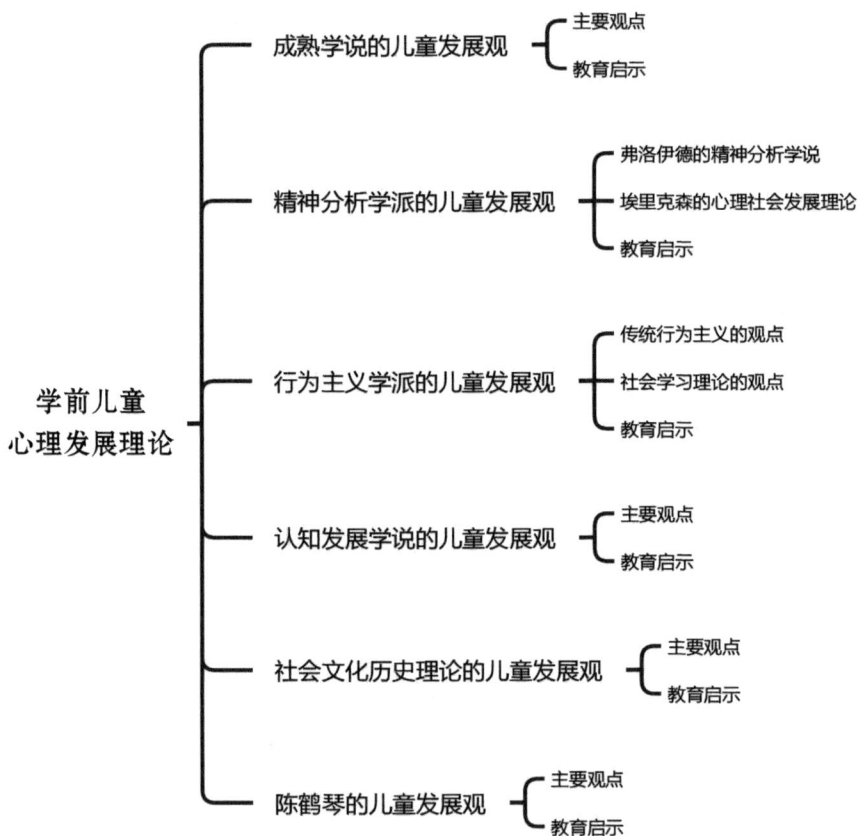

学前儿童
心理发展理论

- 成熟学说的儿童发展观
  - 主要观点
  - 教育启示
- 精神分析学派的儿童发展观
  - 弗洛伊德的精神分析学说
  - 埃里克森的心理社会发展理论
  - 教育启示
- 行为主义学派的儿童发展观
  - 传统行为主义的观点
  - 社会学习理论的观点
  - 教育启示
- 认知发展学说的儿童发展观
  - 主要观点
  - 教育启示
- 社会文化历史理论的儿童发展观
  - 主要观点
  - 教育启示
- 陈鹤琴的儿童发展观
  - 主要观点
  - 教育启示

学 习 目 标

（1）树立正确的儿童观，能用马克思辩证唯物主义观理解学前儿童心理发展理论。

（2）了解各心理学流派的代表人物及其主要观点。

（3）探讨学前儿童心理发展理论对学前教育实践的指导意义。

案 例 导 入

吃午饭的时间又到了，小三班的洋洋吃饭总是慢吞吞地，还不肯吃蔬菜，把蔬菜全挑拣出来。其他小朋友也学着他的样子，慢吞吞吃饭并把蔬菜拣出来。张老师看到这种情况就对小朋友们说："谁能好好吃饭，好好吃蔬菜，不挑食，谁就能在下午的游戏中先选玩具。"说完，洋洋就开始认真吃起蔬菜来。张老师竖起大拇指，说："洋洋小朋友真棒，大口吃蔬菜，不挑食。"听了张老师的话，小朋友们看看洋洋，很快都大口吃起蔬菜来。

是什么原因造成这一现象呢？请用不同的心理学流派的理论观点来解释这一现象。这些流派分别运用不同的研究方法和从不同视角解释了学前儿童不同方面的发展进程和特征，同时也呈现了独特的儿童发展观。这些流派的理论观点和研究方法对教育者形成科学的儿童发展观和教育观，以及对教育者的教育实践都有重要的启发和借鉴意义。

第一节　成熟学说的儿童发展观

成熟学说也被称为"成熟势力说"或"成熟潜能说"，其代表人物是美国的心理学家和儿科医生阿诺德·格塞尔。

一、主要观点

格塞尔是成熟学说的代表人物，他认为个体的心理发展是历史演化的结果，是由儿童的生理成熟所决定的，有自己的阶段性和顺序性。他研究的兴趣集中于生理成熟、成长和心理发展的同步关系。格塞尔认为，儿童的兴趣和活动是在逐渐发展的，起初只是身体的自我活动，以后涉及社会环境。

（一）发展的本质

格塞尔认为个体的生理和心理发展，都是按基因规定的顺序有规则和有秩序进行的。他将发展看成一个有顺序的过程，这个过程是由机体的成熟机制决定的。而成熟则是通过基因来指导发展的，是由遗传因素控制的过程，通过从一种发展水平向另一种发展水平转变来实现的。格塞尔认为，发展的本质是结构性的，只有结构的变化才是行为发展变化的基础。心理结构变化的内在机制也是由生物因素控制的，表现为心理形态的演变，其外显特征是行为变化，但内在机制仍是由生物因素控制。

（二）影响发展的因素

格塞尔认为，影响儿童心理发展的两个因素是成熟和学习。成熟是推动儿童心理发展的主要动力，没有足够的成熟就没有真正的心理变化。脱离了成熟的条件，学习本身并不能推动心理发展。对于儿童的心理发展来说，学习并不是不重要，而是说当个体还没有成熟到一定程度时，学习的效果是很有限的。格塞尔主要强调生物因素的作用，其不重视环境因素的观点来源于他的双生子爬梯实验。

1929年，格塞尔对一对双生子进行实验研究，他首先对双生子A和双生子B进行行为基线的观察，认为他们发展水平相当。在双生子出生第48周时，对A进行爬楼梯训练，而对B则不给予相应训练。训练持续了6周，其间双生子A比B更早地显示出某些技能。到了第53周，当B达到能够学习爬楼梯的成熟水平时，对他开始集中训练，发现只要少量训练，B就达到A的熟练水平。进一步观察发现，在55周时，A和B的能力没有差别（实验结果见图2-1）。因此，格塞尔断定，儿童的学习与发展取决于生理成熟。生理成熟之前的早期训练对最终的结果并没有显著作用。

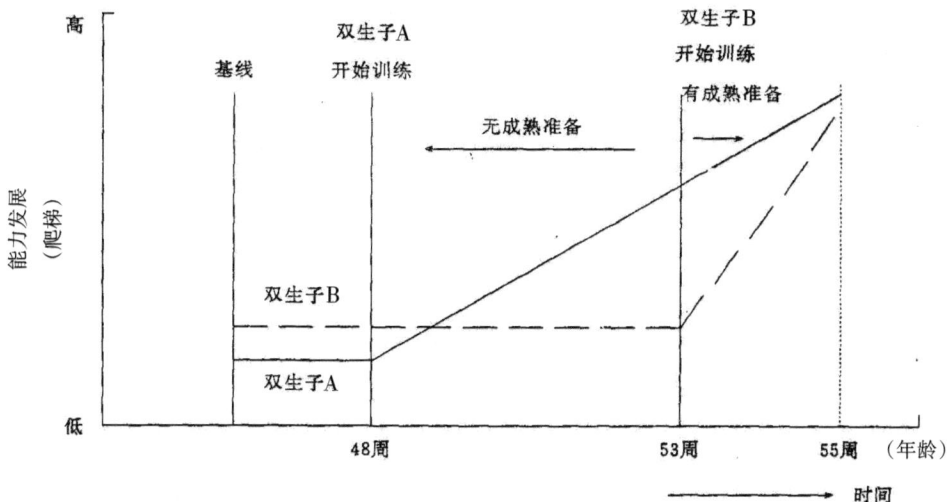

图2-1 双生子训练爬梯的结果[①]

二、教育启示

格塞尔认为，家长和从事儿童教育工作的人都应当了解儿童成长的规律，根据儿童自身的规律去养育他们。具体而言，每一位教师都应当把自己的工作与儿童的准备状态和特殊能力结合起来；每一位家长都应当与孩子一起成长，一起体验每一个阶段的乐趣和烦恼。如果成人以一种急功近利的方式教导孩子，往往会导致儿童成年以后的失落，甚至引起一系列的心理问题。

格塞尔的同事与学生阿弥士对家长提出如下忠告：

（1）不要认为你的孩子成为怎样的人完全是你的责任，你不要紧抓每

---

① 刘金花.儿童发展心理学[M].3版.上海：华东师范大学出版社,2013：9.

一分钟去"教育"他。

（2）学会欣赏孩子的成长，观察并享受孩子每一周、每一月出现的新发展。

（3）不要老是去想"下一步应发展什么了？"，而应该和孩子一道充分体会每一个成长阶段的乐趣。

（4）尊重孩子的实际水平，在孩子尚未成熟时，要耐心等待。

第二节　精神分析学派的儿童发展观

一、弗洛伊德的精神分析学说

弗洛伊德是奥地利精神病学家，精神分析学派的创始人。20世纪前期，弗洛伊德从自己的临床经验出发，发现有些精神病人的发病与其童年早期的经验有关，他对儿童的人格结构和心理发展阶段进行了系统的阐述，并逐步发展为精神分析理论。

（一）人格结构

弗洛伊德认为人格有三个层次：本我、自我和超我。本我是与生俱来的，是人格结构中比重最大的一部分，有很强的生物进化性，是学前儿童基本需要的源泉。本我遵循快乐原则，处于潜意识层面。自我遵循现实原则，处于意识层面。超我则是意识层面的道德成分，体现在根据情境对自我进行约束和决策选择，处于人格结构的最高层。

（二）儿童心理发展阶段

弗洛伊德根据不同阶段儿童的集中活动能力，把心理和行为发展划分为由低到高的五个渐次阶段，分别是口腔期、肛门期、性器期、潜伏期和生殖期。

1.口腔期（0—1岁）

性本能主要集中于嘴巴，婴儿通过吮吸、咀嚼、咬的动作来获得快感。在这一时期，如果口腔的需要未能得到适当满足，将来可能形成诸如吸吮手指、咬手指甲、暴食和成年以后抽烟的习惯。

2.肛门期（1—3岁）

婴儿可以从先憋住大小便然后排泄的举动中获得快感，而上厕所是家长训练幼儿的主要内容之一。在这一时期，弗洛伊德特别要求家长对儿童大小便训练不宜过早、过严，否则会对儿童的人格形成产生不利影响。

3.性器期（3—6岁）

自我冲突转移至性器官时，幼儿会发现性刺激的快感。弗洛伊德认为，3岁以后的儿童依恋异性父母的俄狄浦斯情结和厄勒克特拉情结，即男孩产生恋母情结，女孩产生恋父情结。

4.潜伏期（6—12岁）

性本能消失，超我进一步发展，儿童从家庭以外的成人和一起玩耍的同性伙伴那里获得新的社会价值观点。孩子逐渐放弃了俄狄浦斯情结和厄勒克特拉情结，男孩和女孩开始各自以同性父母为榜样来行事，弗洛伊德把这种现象称为"自居作用"。

5.生殖期（12岁以后）

潜伏期的性冲动再次出现，如果前面的阶段发展得顺利，那么就会顺利过渡到结婚与生育后代的阶段。

弗洛伊德强调，个性形成与儿童早期经验有关，与父母对儿童的教养态度有关，推动心理学界重视并积极开展儿童早期经验、早期教养和儿童期心理卫生问题研究。但由于其关于人格结构和发展阶段的阐述不能被证实，带有很强的假设性，因此在应用于学前儿童时仍有很大的局限。

二、埃里克森的心理社会发展理论

埃里克森是美国著名的精神病学家、发展心理学家和精神分析家，其思想深受弗洛伊德的影响。他修正和发展了弗洛伊德的理论，认为人的发展是持续的，个体发展不是在成年早期就结束了，而是持续一生。

（一）人格发展的影响因素

埃里克森认为，人格的发展受到生理、心理和社会三个方面因素的影响。他特别强调社会文化对人格发展的影响。他将孩子看作自发适应环境的积极探索者，相信在人生的每一个阶段，个体都要面对一些社会任务，这样才能不断发展。他还特别强调自我的作用，认为在人格发展中逐渐形成自我的过程，在个人与周围环境的相互作用中起着主导和整合的作用。

埃里克森认为，人的发展依存于三个变量：一是心理发展的内部规律，它是不可逆的；二是社会文化背景的影响，它决定发展的速度；三是每一个人的特异反应及其对社会任务做出反应时的特殊发展方式。

（二）人格发展的阶段

埃里克森认为，人格发展要经历顺序固定、相互关联的八个阶段。每个阶段都有特定的任务，这些任务都是由个体的成熟与社会环境、社会期望之间的矛盾冲突所规定的。在每一个阶段，如果个体能够顺利完成该阶段所要求的任务，就能形成积极的人格品质；否则就会形成消极的人格品质。

1.婴儿期：基本信任对不信任（0—1岁）

本阶段的发展任务是获得信任感，克服不信任感。如果婴儿能够得到爱抚和悉心的照料，生理需要得到满足，就会对环境产生基本的信任感。充满信任感的婴儿敢于冒险，不屈服于挫折；缺乏信任感的婴儿则害怕挫折和失败。

2. 儿童早期：自主对羞怯、疑惑（1—3岁）

本阶段的发展任务是获得自主感，克服羞怯和疑惑。这一阶段的儿童会快速掌握大量技能，一方面在探索新世界中因自信产生自主感，另一方面又因不愿过分依赖以及担心越出自身和环境的边界而感到羞怯和疑惑。如果家长在教导儿童行为时既能够宽容又能够坚持培养儿童的良好行为习惯，就能保护好他们的自主感。

3. 学前期：主动性对内疚感（3—6岁）

本阶段的发展任务是获得主动感，克服内疚感。此时儿童能从言语和行动上探索和扩展其环境，如果家长鼓励儿童的好奇心和想象力，给儿童充分的自由，理解儿童，可让其获得主动感，克服内疚感，体验目的的实现。这一阶段的儿童热爱团体游戏，游戏是解决主动感和内疚感冲突的方法，因此，埃里克森也称这一阶段为游戏阶段。

4. 学龄期：勤奋对自卑（6—12岁）

本阶段的发展任务是获得勤奋感，克服自卑感。这一阶段的主要任务是学习，教师成为儿童心理发展最重要的影响因素。如果儿童在学校里经常获得成功，并得到家长和教师的认可与奖励，可能就会养成勤奋进取的性格，敢于面对困难，并能自如地运用智力和技能来完成任务。成人对学习、工作的态度和习惯都可以追溯到这个时期。

5. 青春期：自我同一性对角色混乱（12—18岁）

本阶段的发展任务是建立同一感，克服同一性混乱。这一阶段的个体如果能够把与自己有关的多个层面统合起来，形成协调一致的自我整体，则自我同一性形成；否则会产生同一性危机，阻碍以后的发展。埃里克森认为，青春期是人生的一个重要阶段，自我同一性的形成标志着儿童期的结束、成人期的开始。

6. 成年早期：亲密对孤独（18—25岁）

本阶段的发展任务是获得亲密感，克服孤独感。这一阶段的个体需要建立亲密的友谊，在与他人交往中感受到爱情与友情。如果找不到友谊或其他亲密关系，个体就会感到孤独。

7.成年中期：繁殖对停滞（25—65岁）

本阶段的发展任务是获得繁殖感，避免停滞感。繁殖不仅指生儿育女、指导子女成长，还包括创造各种精神或物质产品。具有繁殖感的人会形成关心的品质；停滞始于无所事事和枯燥的生活，这种人的典型表现是缺乏创造性和人际关系贫乏，没有追求，不负责任。

8.成年晚期：自我完善对绝望（65岁以后）

本阶段的发展任务是获得完善感，避免失望和厌恶。老年人常常回顾自己所经历的生活，在有些人的回忆里生活是一种有意义、有价值的愉快经历，而在另一些人的回忆里生活充满了失望、悔恨和未能实现的目标。

拓展阅读：埃里克森对弗洛伊德理论的修正[①]

埃里克森对弗洛伊德理论的修正主要体现在三个方面：

①弗洛伊德特别强调本能的力量，自我只是本我和超我的奴仆；埃里克森则更强调自我的作用、理智的力量，相信自我能引导心理性欲向着社会所规定的方向发展，超我可以协助自我监督本我。

②弗洛伊德在研究儿童的人格发展时，仅把儿童圈于母亲—儿童—父亲这个狭隘的三角关系中；而埃里克森则把儿童置于更加广阔的社会背景上，重视社会文化对发展的影响。

③弗洛伊德认为儿童的人格发展到青春期为止，而埃里克森则把人格发展的阶段扩展到人的一生。

埃里克森把儿童人格的发展看作是一个逐渐形成的过程，一定要经过几个顺序不变的阶段。每个阶段都有一个普遍的发展任务，这些任务都是由成熟与社会文化环境、社会期望间不断产生的冲突或矛盾所规定的。如果儿童解决了冲突，完成了每个阶段上的任务，就能形成积极的品质，完成得不好就会形成消极的品质。但是，埃里克森不像弗洛伊德那样悲观。他认为一个阶段的任务虽未完成，仍有机会在以后的阶段继续完成，并不一定导致像弗洛伊德所说的那种病理性后

---

① 邓赐平.儿童发展心理学[M].4版.上海：华东师范大学出版社,2022：270-271.

果。同时，埃里克森也指出，即使一个阶段的任务完成了，也并不等于这个矛盾不复存在了，在以后的发展阶段里仍有可能产生先前已解决的矛盾。

三、教育启示

（一）重视早期经验和亲子关系

弗洛伊德等人最早认识到，儿童期对成人的人格形成具有重要影响，幼年生活经验对儿童心理发展具有重要的意义。因此，他说："童年塑造了成人。"精神分析学派的儿童发展观，一方面，强调早期经验对于人的一生具有重要影响，认为过去的生活与经历会对以后的行为产生影响；另一方面，认为家长的教养态度与方式，直接决定着孩子童年生活经验的质量。

精神分析学派的理论与研究使人们开始注意哺乳方式、断奶时间与方法、大小便训练、亲子关系的处理等问题，注意成人尤其是家长在儿童早期生活和人格的形成与发展中的重要地位和作用。

（二）重视健全人格的培养

精神分析学派强调培养健全人格的重要性，认为人格教育是教育的重点和最终目的。因此，儿童教育不能一味重视知识技能的传授，而应注重培养儿童"爱人的能力"。要按照儿童身心发展的特点对儿童进行人格教育，避免一味灌输，要创造能让儿童体验与感受到尊重、爱与安全的环境，使儿童获得成功、自信的体验，成为积极主动的学习者。

（三）人格发展具有连续性和阶段性

无论是弗洛伊德还是埃里克森都认为人的发展是有阶段性的，埃里克森将人格发展阶段的划分延伸至整个人生，而不仅仅是停留在青春期。各个阶段是紧密相连的，适当的教育能培养人们解决发展危机的能力，促进个体的发展。人生每个阶段的发展任务和所需要的支持帮助不同，可以通过教育来改变各个阶段所面临的冲突，采取措施，对症下药。

第三节　行为主义学派的儿童发展观

行为主义产生于20世纪初期的美国。行为主义学派反对心理学研究意识和心灵，主张把人的行为作为心理学的研究对象。行为主义学派代表人物是华生、斯金纳和班杜拉。行为主义理论对于解释、促进和塑造儿童的行为、习惯有重要意义。

一、传统行为主义的观点

（一）经典条件反射理论

1913年华生创立了行为主义心理学流派，受俄国生理学家巴甫洛夫动物学习研究的影响，他认为一切行为都是刺激（S）—反应（R）的学习过程，成人能通过仔细地控制刺激与反应的联结来塑造儿童的行为。发展是连续的过程，随着儿童年龄的增长，刺激与反应的联结力度逐渐增强。

华生认为，环境是儿童发展过程中最大的影响因素。他曾说过，"给我一打健康而没有缺陷的婴儿，并在我自己设定的特殊环境中教育他们，那么我愿意担保，随便挑选其中一个婴儿，都能把他训练成为我所选定的任何一种角色：医生、律师、艺术家、商界首领乃至乞丐和盗贼，而不管他的才能、嗜好、趋向、能力、天资和他祖先的种族"。华生认为，儿童的行为习惯与先天的遗传没有任何关系，而后天的环境和教育才是儿童行为习得的关键。

（二）操作性条件反射理论

斯金纳继承了华生行为主义理论的基本信条，他认为，强化作用是塑造行为的基础，行为若得不到强化便容易消退，若得到及时的强化则有利于增加其发生的概率。因此，强化是指伴随在行为之后的、有助于该行为重复发生的事件。斯金纳按照强化物的性质将强化分为正强化和负强化。正强化又称积极强化。例如，当儿童做出某种符合要求的行为时，如果能从教师或家长那里得到某种令其感到愉快的结果，这种结果就会促使他重复此行为。负强化又称消极强化。例如，当儿童犯错时，教师或家长给予一种厌恶刺激或消除一个愉快刺激，这种结果就会促使他减少犯错行为。无论是正强化还是负强化，其结果都是为了增加期待的行为再次发生的概率。

二、社会学习理论的观点

班杜拉提出的社会学习理论是在对传统行为主义继承与批判的过程中逐步形成的，他吸收了人本主义心理学和认知主义心理学的思想，形成了社会学习与社会认知相结合的人格理论。

（一）观察学习理论

班杜拉强调模仿，也就是观察学习。在他看来，儿童总是"睁大眼睛和撑起耳朵"观察和模仿周围人们的反应，其观察、模仿带有选择性。他认为观察学习包括四个部分：

（1）注意过程。如果没有对榜样行为的注意，就不可能去模仿他们的行为。榜样之所以能够引起人们的注意是因为他们具有一定的优势，如更有权力、更成功等。

（2）保持过程。人们往往是在观察榜样的行为一段时间后，才开始模仿他们。要想在榜样不再示范时能够重复他们的行为，就必须将榜样的行为记住。因此，人们需要将榜样的行为以符号表征的形式储存在记忆中。

（3）动作再生过程。人们只有将储存在头脑中的榜样行为的符号转换成动作以后，才表示已模仿该行为。要准确地模仿榜样的行为，还需要必要的动作技能，有些复杂的行为，个体如不具备必要的技能是难以模仿的。

（4）强化和动机过程。班杜拉认为学习和表现是不同的，人们并不是把学到的每件事都表现出来，是否表现出来取决于人们对行为结果的预期。预期结果好，就会愿意表现出来；如果预期将会受到惩罚，就不会将学习的结果表现出来。

（二）三种强化模式

班杜拉认为，强化包括外部强化、替代强化和自我强化三种模式。外部强化是指儿童做出反应并体验到自己反应的后果而受到的强化。观察到榜样行为的后果与自己直接体验到的后果，是以同样的方式影响观察者的行为表现的，即学习者的行为表现是受替代强化影响的。如看到同伴帮助了另外一位同伴，并获得了想要的玩具，该儿童以后也可能尝试使用该方法，这就是替代强化。自我强化是指在自身行为达到自己设定的标准时，儿童就会用自我肯定或自我否定的方法来对自己的行为做出反应。如儿童完成拼图游戏时会为自己拍手叫好。

（三）自我效能感

自我效能感是班杜拉在1977年提出的，是指人们关于是否有能力控制影响自己生活的环境事件的信念。自我效能感在决定个体的行为选择、努力的程度、面对挑战时的坚持性，以及对未来任务的焦虑程度或自信程度方面发挥着巨大的作用。儿童通过对他人自我表扬和自我批评的观察，以及对自己行为价值的评价，逐渐发展出自我效能感——一种认为自己的能力和个性使自己能够获得成功的信念。

拓展阅读：波波玩偶实验①

班杜拉选择了72名3—6岁的儿童作为被试，并随机分成三组，让他们观看一个成年男子（榜样人物）对一个像成人那么大的波波玩偶做出种种攻击行为，不同组的儿童观看电影中的同一攻击行为的不同对待结果。

第一组是攻击—奖赏组：该组儿童看到一个成年人（榜样人物）采取攻击行为后，另一个成年人对他奖赏，称赞他为勇敢的胜利者，并给他巧克力等食品。

第二组是攻击—惩罚组：该组儿童看到一个成年人（榜样人物）采取攻击行为后，另一个成年人指责他，骂他是暴徒，打他并迫使他低头逃跑。

第三组是控制组：该组儿童看到一个成年人（榜样人物）采取攻击行为后，既没有受到奖赏，也没有受到惩罚。

然后儿童被一个个单独领到一个房间里去。房间里放着各种玩具，其中包括玩具娃娃，在十分钟里，观察并记录他们的行为。结果表明，看到"榜样人物"的侵犯行为受到惩罚的一组儿童，同控制组儿童相比，在他们玩洋娃娃时，侵犯行为明显减少。反之，看到"榜样人物"的侵犯行为受到奖励的一组儿童，在自由玩洋娃娃时模仿侵犯行为的现象相当严重。

班杜拉用替代强化来解释这一现象：观察者因看到别人（榜样人物）的行为受到奖励，间接引起他本人相应行为的增强；观察者看到别人的行为受到惩罚，则会产生替代性惩罚作用，抑制相应的反应。

---

① 译自：BANDURA A，ROSS D，ROSS S A.Transmission of aggressions through imitation of aggressive models[J].Journal of Abnormal and Social Psychology，1961：63，575–582.

三、教育启示

（一）重视环境影响

为养育身心健康的儿童，应创设适宜于儿童发展的良好环境，尽量避免来自外界环境的一切不良影响。教师是环境的设计师，是利用环境因素来培养幼儿良好行为的"设计师"。教师应根据对幼儿行为的观察来提供促进幼儿进一步发展的学习材料。

（二）制定具体详尽的教学目标

教师在制定教学目标时，要把期望的幼儿行为或任务，分解成一系列细小的行为步骤。例如，"洗手"可以分解为打开水龙头、打湿手、挤洗手液、搓手、冲水等具体环节，其中每个环节还可以再细分为更具体的步骤。当教学目标被分解成具体的行为步骤之后，就可以通过提供榜样、教师示范等方式，按照"小步子接近"顺序原则，帮助儿童掌握动作技能，最后完成预期的教学任务。

（三）恰当运用强化控制原理

行为主义认为，人的行为能否保持下去与行为产生的后果有关。例如，一个幼儿按照秩序轮流玩游戏受到教师的表扬，那么这个幼儿就会在玩游戏的时候继续遵守秩序。教师的表扬是对幼儿行为的强化。强化作用是塑造和纠正幼儿行为的基础，强化的基本手段有表扬、批评、惩罚、奖励等。教师需要注意慎用批评等手段，如果运用不当，还会强化不良行为倾向。运用奖励时需注意选择符合幼儿兴趣与爱好的，最好的奖励来自活动本身的结果，只有在必要时才使用人为的奖励。

（四）注意榜样对幼儿学习的影响

行为主义非常重视榜样对儿童学习的影响，认为儿童学习的途径是直接经验和观察。因此，在儿童教育过程中，应增加供学前儿童观察学习的榜样。首先是家长的榜样作用。家长是对学前儿童影响最直接、最深刻的人，是学前儿童模仿最多、最早的榜样。家长应创设良好的家庭环境，积极发挥榜样作用，从而促进学前儿童健康成长。其次是教师和同伴的榜样作用。教师作为幼儿心目中的"权威"，应时刻注意以身作则，为幼儿树立正确的榜样。另外，教师还应引导班级幼儿互相学习，将在生活、学习中表现良好的幼儿树为榜样，促使幼儿养成良好的行为习惯。

第四节 认知发展学说的儿童发展观

瑞士的儿童心理学家让·皮亚杰毕生研究儿童认知的发展，创立了著名的儿童认知发展理论——发生认识论。他以逻辑学、相对论和辩证法为支点，运用临床谈话法、实验法揭示了儿童认知发展的本质特征及其规律，对儿童心理学理论体系的建构做出了重要的贡献。

一、主要观点

（一）发展的实质

皮亚杰十分重视动作在儿童认知发展中所起的重要作用。他认为，心理既不是起源于先天的成熟，也不是起源于后天的经验，而是起源于动作。皮亚杰强调儿童与环境之间的相互作用，认为正是这种主体与客体之间的相互作用才使儿童的心理不断地得以发展。而这种主体与客体之间的相互作用正是通过儿童的动作来完成的，动作的本质是主体对客体的适应。儿童通过动作完成对环境的认识，是儿童心理发展的真正原因。

皮亚杰认为，心理发展是在内因和外因相互作用下，心理图式不断产生量变和质变的过程，心理结构的发展涉及图式、同化、顺应和平衡。

图式即儿童对环境做出适应的认知结构。图式最初来自遗传，如吮吸、抓握等一些低级的动作图式。在个体不断适应环境的过程中，图式会不断得到改变和丰富，逐渐发展出更高级的图式。同化和顺应是个体发展图式的主要途径。

同化是指将新知识或新刺激纳入已有图式的过程，或是用已有图式来解释新经验的过程。儿童看到很多会动的东西都是有生命的，便认为所有会动的东西都是有生命的，因此，他们认为，太阳早上升起晚上落下，太阳也是有生命的。

顺应是指当个体不能利用原有图式接收和解释新的刺激时，个体改变自身图式，以适应新的环境。儿童看到越来越多会动却没有生命的东西，如纸飞机、遥控玩具等，这时认知出现冲突，产生不平衡。于是，他们对"会动的东西都是有生命的"已有图式进行修正，以合理解释他们遇到的新情境。

同化和顺应互为补充、共同作用，促进认知发展。通过同化和顺应，个体不断进行着平衡化的过程，以达到机体与环境的平衡，这就是适应的过程，也就是心理发展的本质和原因。

（二）影响心理发展的因素

皮亚杰认为，支配儿童心理发展的因素主要有四个：成熟、练习与经验、社会环境、平衡。

1.成熟

成熟主要是指机体的成长，特别是神经系统和内分泌系统的发展。生理上的成熟为儿童的某些认知活动提供了必要的条件。但是，单靠成熟本身并不能使儿童获得认知方面的发展。

2.练习与经验

练习与经验指的是个体在对物体做出动作的过程中得到的练习和所获得的经验，这种经验包括物理经验和逻辑数理经验。物理经验是通过对物体的直接动作而获得经验，源于物体本身。如物体的颜色、气味、形状等。逻辑数理经验则源于对动作及动作间协调结果的理解。如儿童将杯子里的液体倒入不同形状的杯子中，然后又倒回原来的杯子中，通过一系列的动作他发现水的多少是不会随容器的变化而变化的。

3.社会环境

社会环境是指影响个体心理发展的社会因素，包括社会生活、社会传递、文化教育、语言信息等。它同样也是儿童心理发展的必要条件，但不是充分条件。皮亚杰认为，环境与教育只能促进或延缓儿童的心理发展，但不能对儿童的心理发展起决定性作用。

4.平衡

平衡是不断成熟的内部组织与外部环境的相互作用，是儿童心理发展的决定因素。平衡对成熟、练习与经验、社会环境三个因素都具有调节作用。平衡是一种动态的平衡，具有自我调节的作用，是主体内部存在的机制。如果没有主体内部的同化、顺应、平衡机制，任何外界刺激对儿童本身都不起作用。

（三）认知发展的阶段

皮亚杰认为，儿童的心理发展是一个连续的过程，但这一过程具有阶段性，可以划分为感知运动阶段、前运算阶段、具体运算阶段和形式运算阶段。本部分在后面有详细介绍，这里不赘述，详见第六章第二节。

二、教育启示

（一）教育应尊重儿童成长规律，让儿童有准备地学习

皮亚杰认为，儿童认知能力具有阶段性。儿童的学习要有预先的准备性，有准备才能进行有效的学习。儿童认知能力的发展必须先于教学，儿童处于特定的阶段才能掌握某些概念。教育与教学应以儿童心理发展特点为依据进行。首先，应设计符合儿童认知状态的课程内容、进度和教学方法；其次，教学内容不应显著超出儿童现有的认知发展；最后，开展教育教学活动时，应以儿童学会并得以发展为目标。

（二）重视以儿童为中心的活动

皮亚杰认为，儿童的认知能力只能从内部形成，知识的形成主要是一种活动的内化作用，儿童只有具体地、自发地参与各种活动，才能获得真正的知识。皮亚杰本人就十分重视儿童早期教育，在教学方法上主张活动教学法，让儿童在活动中建构认知结构。他没有系统地提出过具体措施，但原则是清晰而连贯的，那就是为儿童提供实物和环境，让儿童自己动手操作，帮助儿童提高提问的技能，了解儿童在认知能力发展中存在的困难。

第五节　社会文化历史理论的儿童发展观

维果茨基是苏联著名的心理学家，苏联儿童心理学的开创者，维列鲁学派的创始人。他主要研究儿童发展与教育心理，着重探讨思维和语言、儿童学习与发展的关系问题。他重视人类高级心理机能的研究，强调语言符号在心理发展中所起到的作用，对人的高级心理机能的社会历史发生问

题进行了深入探讨，创立了心理发展的社会文化历史理论。

一、主要观点

（一）两种心理机能

维果茨基将人的心理机能划分为两种：一种是自然的低级心理机能，如婴儿生来具有的感觉、知觉、机械记忆等；一种是社会的高级心理机能，如随意注意、逻辑记忆、抽象思维、高级情感等。这两种心理机能既相互区别又相互联系，人的心理发展是由低级心理机能向高级心理机能转化的过程。

从个体发展的角度看，维果茨基认为高级心理机能不是儿童所固有的，而是起源于社会，并在与周围人的交往中产生与发展的，因为儿童从出生就一直生活在社会文化的影响下。交往是活动的重要形式，是形成一切高级心理机能的社会基础，没有社会交往就没有高级心理机能。随着儿童交往的增加与复杂化，他们掌握了更多的交往手段，他们的高级心理机能也不断发展，最后形成完整的高级心理机能的自我调节系统，从而形成意识。

（二）心理发展的实质

维果茨基指出，一个人的心理发展是在环境与教育的影响下，由低级心理机能逐渐向高级心理机能转化的过程。儿童心理机能从低级向高级发展的标志主要有四个：一是心理活动的随意机能增强。随意机能是指心理活动受到主体的能动控制，可以按照一定目的有意识地产生。儿童心理活动的目的性越强，心理发展水平就越高。二是心理活动的抽象概括机能增强。随着儿童心理的发展，他们所掌握的抽象语言符号越来越多，逐渐开始具备一些概括性的知识经验。这些都能促进他们抽象概括能力的发展，最后形成高级的意识系统。三是以抽象符号为中介的心理结构形成。各种心理机能之间的关系不断变化，形成了间接的、以符号为中介的心理结构。四是心理活动的个性化。在儿童心理发展过程中，他们的心理活动逐渐出现一些个性化的过程，这也是高级心理机能发展的重要标志。

（三）教学与发展的关系

在教学与发展的关系上，维果茨基提出了三个重要的问题：最近发展区、教学应走在发展的前面和学习的最佳期限。

1.最近发展区

维果茨基认为，儿童的发展至少有两种水平：一种是现有的发展水平，另一种是在教育影响下所能达到的发展水平。这两种水平之间就是"最近发展区"，就是指介于儿童能够独立完成的认知任务与在成人的指导下所能够完成的认知任务之间的差距。应当注意的是，最近发展区是一个动态区域，教学不断创造着最近发展区。只有基于最近发展区进行的教学，才能更容易收到良好教育效果并可以较准确地预知结果。

2.教学应走在发展的前面

维果茨基认为，针对最近发展区的教学为学生提供了发展的可能性，教与学的相互作用刺激了儿童的发展。他提出教学应走在发展的前面，主张教学内容应略高于儿童现有的水平，这样教学才能促进发展。教学既决定着智力发展的内容、水平和智力活动的特点，也决定着智力发展的速度。因此，教学一方面要适应儿童现有水平，另一方面要对发展具有指导作用。

3.学习的最佳期限

为了发挥教学的最大作用，维果茨基提出了学习的最佳期限的观点。他认为，每一种认知能力的发展都有其关键年龄，一旦错过就会对个体发展造成不利影响。任何教学都存在最佳的，也就是最有利的时期，对这个时期任何向上或向下的偏离，即过早或过迟实施教学，都是有害的。

二、教育启示

（一）建立新的因材施教观

我国古代有一条重要的教育教学原则"因材施教"，就是依据学生的实际情况实施相应的教育。最近发展区理论可以重新解读传统的因材施教原则，充分证明了因材施教的必要性和重要性。根据维果茨基的理论，仅仅依据儿童的实际发展水平进行教育是不够的，还应超前于发展并引导发展。

幼儿教师不仅应该了解幼儿的现有发展水平，还应当了解他们潜在的发展水平，并根据现有发展水平和潜在发展水平，寻找最近发展区，把握教学的最佳期，促进幼儿的进一步发展。

（二）大力发展儿童的主动性

维果茨基认为儿童的认知能力不是外铄的，只能从内部形成；教育必须致力于发展儿童的主动性。教学应从儿童已有的认知经验出发，从旧有经验上生出新经验；在教学设计中也应当充分调动儿童的积极性，让儿童有选择权和自主性。

（三）重视交往在教学中的作用

根据维果茨基最近发展区理论，儿童在最近发展区内的发展就是将帮助行为变成独立行为的过程。维果茨基认为，各种类型的交往都会使儿童在他人帮助下产生新的行为。在教学中，教师与幼儿、幼儿与幼儿之间通过交往进行沟通、交流、协调，从而共同完成教学目标。幼儿在交往中发现自我，增强主体性，形成主体意识；在交往中学会合作，学会共同生活，形成丰富和健康的个性。因此，教师要在教学实践中设计多种教学活动，创设教师与幼儿、幼儿与幼儿之间充分学习与交往的情境，从而有效促进幼儿的学习与发展。

第六节　陈鹤琴的儿童发展观

陈鹤琴是中国近代学前儿童教育理论和实践的开创者，他将教育事业作为终生奋斗的事业。为了掌握儿童心理发展特点，他以长子陈一鸣为研究对象，进行儿童心理发展的实际观察和实验，连续追踪记录了808天，并写成《儿童心理之研究》一书，这也是中国第一部儿童心理学教科书。他还学习和引进西方教育思想和方法，倡导"活教育"，创办了中国第一所实验幼稚园——鼓楼幼稚园。

一、主要观点

（一）儿童不同于成人

陈鹤琴认为，儿童不是成人的缩影。儿童作为一个独立的个体，有其独特的身心特点，如自己的需要、兴趣、情感和性格等。

（二）儿童心理的特点

1.好奇

世界对于儿童来说是全新的、陌生的，儿童对此产生强烈的好奇心，会不厌其烦地询问：这是什么、那是什么、这是为什么、那是为什么等。好奇心引发出儿童浓厚的兴趣，从而使儿童产生强烈的求知欲。

2.好动

儿童由于好奇产生难以抑制的冲动，什么都想看，什么都想听，什么都想去尝试一下，其行为完全由感觉与冲动支配。儿童有好动、好玩、好游戏的天性，他们喜欢与外界事物接触，这种接触丰富了他们的知识，发展了他们的能力，使他们逐渐了解自己所生活的世界。

3.好模仿

儿童喜欢模仿成人和同伴的一言一行。模仿是儿童学习、成长的重要方式，儿童最初学会的本领大多是通过模仿获得的。正因为儿童喜好模仿，所以他们容易接受教育，可塑性很强。

4.好群

儿童不喜欢独处。从4个月开始，如果让他一个人睡觉，无人陪伴，他就会哭闹。哭闹的用意无非是发泄自己的不满，要求别人来陪伴他。随着年龄的增长，儿童合群的欲望也逐渐增加，3岁以后的儿童尤其喜欢与同伴玩耍。儿童的好群性是他们完成社会化的根本保证。

5.好野外生活

儿童整天待在家里，就会闷闷不乐，一旦走出家门就会兴奋不已，尤其是来到大自然中，则会充分展现出生机勃勃、活力四射的状态。自然界中的一切对他们来说都有巨大的吸引力，当他们融入自然时，他们的心灵就得到了充分的净化。

二、教育启示

（一）零岁教育

儿童从一出生就是一个有生命力、成长力的个体，能够分辨与取舍外界刺激，具有学习能力，是一个环境主动探索者。陈鹤琴从自己的教育实践和教育实验中得出，幼稚时期（从出生到7岁）是人生中最重要的一个时期，它决定儿童的人格和性格；人一生的习惯、知识技能、言语、思想、态度和情绪都要在此时期打下基础。这个时期是发展智能、学习言语最快的时期，也是道德习惯养成最容易的时期。由此，他主张把"从小教起"改为"从出生教起"，即所谓"零岁教育"。

（二）重视直接经验

陈鹤琴说："'活教育'的目的是为培养一个人，一个中国人和现代中国人。"他认为，"现代中国人"要有健全的身体、创造的能力、服务的精神、合作的态度和世界的眼光。

陈鹤琴还认为，"活教育"的课程应该是把大自然、大社会作为出发点，让学生直接走向大自然、大社会去学习。他认为书本上的知识是死的，是间接的，书本只可以适当用作参考。具体在课程编制上，他提出了"五指活动"新课程方案，即课程内容包括健康活动、社会活动、科学活动、艺术活动和语文活动，与现在提出的课程内容五大领域基本一致。

陈鹤琴的"活教育"方法论吸收了杜威的"做中学"思想，但是更进了一步，不但要做中学，还要做中教，做中求进步。他强调儿童各类生活活动都要在户外进行，包括游戏、劳作、与大自然接触、自我表达、使用工具锻炼等，而不是像过去那样都在室内进行。

反 思 探 究

（1）试述班杜拉观察学习理论的主要观点及其启示。

（2）去幼儿园观察幼儿的行为，尝试运用行为主义理论进行分析，并提出教育对策。

（3）张老师在组织小班教学活动中要求幼儿能够正确拿剪刀并沿着图片的轮廓剪出形状，试评价张老师的做法是否合理，并说明理由。

第三章 学前儿童注意的发展

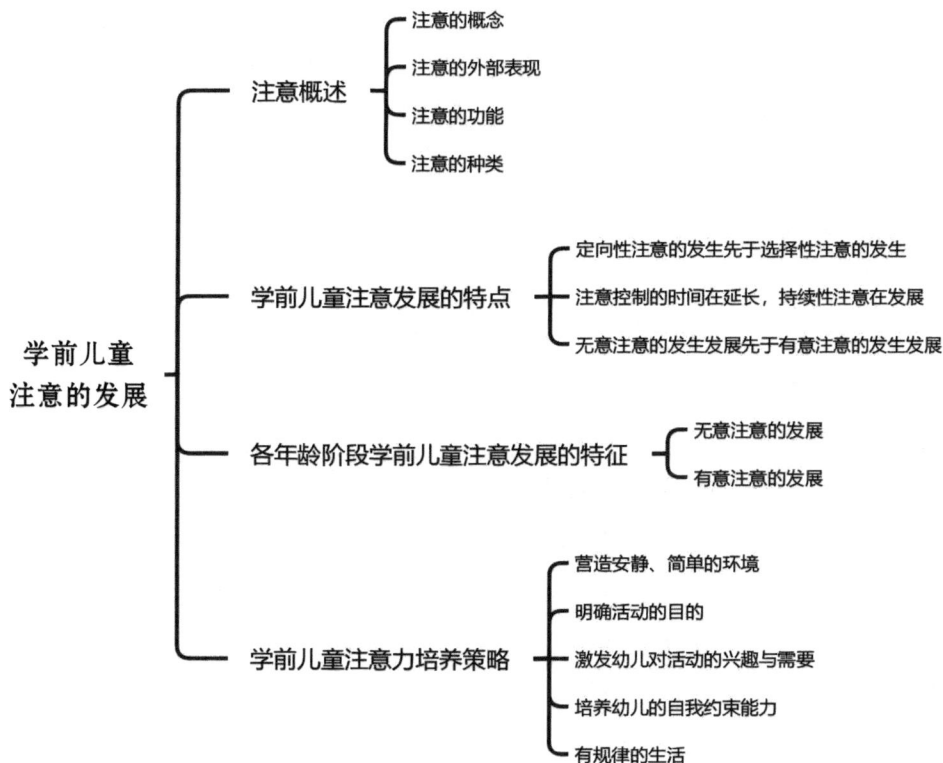

学习目标

（1）培养幼儿的良好生活和学习习惯。

（2）了解注意的概念、功能和分类。

（3）了解学前儿童注意发展的一般趋势和特点。

（4）学会运用具体的措施促进学前儿童注意的发展。

案例导入

开学不久，班里的一个男孩轩轩引起了我的注意。通过观察，我发现他有如下明显的行为：

轩轩极其好动，没有任何规则意识，总是显得格格不入，不合群。集体教育活动时，小朋友们在跟老师积极互动。可是轩轩总是把鞋子脱掉穿梭于教室的各个角落，如同在家一样无拘无束；户外活动时他会趁你不注意爬到滑滑梯上；吃饭时他似乎对任何美食都不感兴趣，总是左顾右盼、大呼小叫；每次午休的时候他都不睡，总是在床上翻来覆去，乱踢乱动，大声呵斥，严重影响其他小朋友的午休，穿脱衣服也需要老师代劳。他身上最明显的一个特征就是：他的嘴一直在自言自语，从来没有停止过。

案例中的轩轩没有组织性和纪律性，没有办法保持专注，这是注意力缺陷与多动障碍的表现，如果家长、老师放任不管，很有可能发展为严重的多动症。注意是一种意向活动。它不像认知那样能够反映客观事物的特点和规律，但它和各种认知活动又是分不开的，它在各种认知活动中起着主导的作用。人的所有心理活动总是和注意联系在一起。由于注意，人们才能集中精力去清晰地感知一定的事物，深入地思考一定的问题，而不被其他事物所干扰。没有注意，人们的各种智力因素，如观察、记忆、想象和思维等将得不到一定的支持而失去控制。

第一节　注意概述

一、注意的概念

"每个人都知道什么是注意。"这是美国心理学家威廉·詹姆斯在《心理学原理》一书中的一句话。我们在日常生活中也经常用到"注意"这个词，注意在日常生活中扮演着非常重要的角色。例如，为了维持正常行车和避免交通事故的发生，司机在驾驶时需要长时间保持高度专注；为了更好地获取老师讲授的知识，学生上课时需要集中注意力听讲；等等。注意是一种伴随其他心理活动的心理状态，是指心理活动对一定对象的指向和集中。指向性是指在某一时刻人的心理活动选择了某个对象而离开了另外一些对象。集中性是指心理活动或意识在一定方向上的强度或紧张度。心理活动或意识的强度越大，紧张度越高，注意也就越集中。

二、注意的外部表现

注意是一种内部心理状态，可以通过人的外部行为表现出来。例如，人在注视某个物体或倾听某种声音时，他们的感觉器官常常朝向所注意的对象，以便得到最清晰的印象；注意时，人的血液循环和呼吸都可能出现变化，如肢体血管收缩，头部血管舒张；呼与吸的时间比例发生变化，吸气变短，而呼气相对延长等；当注意高度集中时，还常常伴随某些特殊的表情动作，如托住下颌、凝神远望、眼光似乎呆滞在某处等。注意的外部表现可以作为研究注意的客观指标。但是，注意作为一种内部心理状态，它和外部行为表现之间，并不总是一一对应的。例如，当人的视线落在某个物体上时，他的注意可能指向完全不同的物体。在课堂上，学生可能用眼睛盯着教师，装出一副认真听讲的样子。实际上，他的注意全然不在教师讲课的内容上，而指向与教学无关的其他事物。可见，只用注意的外部表现来说明一个人的注意状态，有时可能引向错误的结论。

三、注意的功能

（一）选择功能

选择是注意的最基本功能。注意对信息的选择受许多因素的影响，如刺激物的物理特性，人的需要、兴趣、情感、过去的知识经验等。通过注意，人们总是选择那些有意义的即符合自己需要的、与当前活动有关的事物或活动，而同时排除那些无意义的、无关联的即不符合自己需要的事物或活动。注意使儿童对环境中的各种刺激作出选择性反应，并接受更多的信息。

（二）保持功能

这种功能使注意对象的印象或内容维持在意识中，一直保持到达到目的，得到清晰、准确的反应为止。注意使儿童的心理活动对所选择的对象保持一种比较紧张、持续的状态，从而保证儿童的游戏、学习等活动顺利进行。

（三）调节和监督功能

心理学认为，注意最重要的功能是对活动进行调节与监督。注意使人调节和控制自己的心理过程，监督自己所从事的活动，使活动向着一定的方向或目标进行。一旦活动偏离了预定的方向或目标，人就会立即发现，并予以调整，以保证活动的顺利进行。

注意对人的生活有着极其重要的意义，更是幼儿活动成功的必要条件。注意既能帮助幼儿从周围环境中获得丰富清晰的信息，又能让幼儿有效地完成学习和生活任务。幼儿的注意力在整个学前期都在逐渐提高，但由于他们生理发育的限制及知识经验的不足，注意力总体水平还很低，容易出现注意分散的现象。

四、注意的种类

在日常生活和工作中，特别是在教师的教学工作中，了解注意的种类及其产生的条件，具有重要的意义。注意可以分为无意注意、有意注意和有意后注意。

（一）无意注意

无意注意又称不随意注意，是指既没有预定的目的，也不需要付出意志努力的注意。如上课时，教师不小心把杯子掉在了地上，学生都会不由自主地去看杯子，这就是无意注意。

引起无意注意的原因分为客观原因和主观原因，客观原因指刺激物本身的特点，包括刺激物的新异性、强度、对比性和运动变化。刺激物的新异性是引起无意注意的最重要原因，如教室窗外出现的小鸟很容易引起幼儿的注意。人们很容易被强烈的光线、巨大的声音、鲜艳的颜色、浓烈的气味所吸引，这就是刺激的强度对无意注意的影响。"万绿丛中一点红"则属于刺激的对比性（刺激物之间的显著差异）对无意注意的影响。刺激的运动变化则指运动着的物体比静止的物体更易引起人们的无意注意，如节日里在街头巷尾挂起的彩灯、广场上的喷泉都容易引起人们的无意注意。

无意注意不仅受外界刺激物的影响，还与个体自身的状态，包括个体的需要、兴趣、态度和情绪状态有关。个体自身状态不同，对同一刺激关注的情况也可能不一样，如幼儿在"自选游戏"活动中会不自觉地注意他最感兴趣的玩具，而一个闷闷不乐的人，任何事物都很难引起他的注意。无意注意还与个体的知识经验有关，新异刺激只有在被人们理解时才能引起人们的注意，如公告栏里的海报只能引起识字的人的注意。无意注意既有积极作用，也有消极作用，它可以帮助人们对新异事物进行定向，使人们获得对事物的清晰认识，但也能使人分心，干扰人们正在进行的活动。

（二）有意注意

有意注意也称为随意注意，是指需要预定目的，也需要意志努力的注意。例如，你正在写作业，忽然从窗外传来小伙伴们嬉闹的声音，你可能会不由自主地去关注这个声音，这就是无意注意。但由于意识到必须要先完成作业，因而你强迫自己把注意力集中在写作业上，这就是有意注意。引起和保持有意注意有下列几个主要条件。

1.与已有的知识经验的关系

若新刺激与已有知识经验差异太小，人们无需用心感知或记忆就能把握它，则不需要集中注意。反之，人们即使积极开动脑筋运用已有知识经验也无法理解它，注意就很难维持下去。只有当新刺激与已有经验有相通之处，但又需要花费些许努力去掌握的时候，有意注意才能长久保持。例如，上课时，学生只有对课程内容略知一二，而且课程内容难度中等，才能坚持听下去。

2.活动目的与任务的明确性

有意注意是有预定目的的注意，所以目的越具体明了，有意注意就越容易引起和维持。如舞蹈比赛前的集训，学生听得最专心，练得最认真。

3.活动组织的合理性

生活有规律，才能在需要的时候集中注意力，有效地完成工作或学习；把智力活动和实际操作活动结合起来，也有助于人们保持有意注意，如适当作些笔记可以帮助人们长时间把注意集中在阅读上。

4.对活动结果的间接兴趣

兴趣是引起注意的主观条件，可以分为直接兴趣和间接兴趣。前者指对事物本身和活动过程的兴趣，在无意注意中起重要作用。后者指对活动目的和结果的兴趣，在有意注意中起重要作用。例如，一部惊险刺激的电影会使人忍不住一下子看完，这是直接兴趣引起的无意注意；而看专业论文虽然枯燥无味，但由于认识到拓展专业领域知识的重要性，因此凭着坚忍的意志刻苦攻读，这就是间接兴趣引起和维持的有意注意。

5.良好的意志品质

个体在注意某事物时难免会遇到各种干扰，如外界的无关刺激、自己本身的疾病和疲劳、无关的思想和情绪等。除了采取一定措施排除干扰外，还需要坚强的意志与干扰做斗争。意志坚强的人能主动调节自己的注意，使之集中在当前的任务上；意志薄弱者则很容易分心，无法有效完成当前任务。从事任何有目的的活动都需要有意注意，教师应注意培养学生良好的意志品质。

（三）有意后注意

有意后注意是注意的一种特殊形式，它由有意注意转化而来。有意后注意也被称为随意后注意，它不需要意志努力但具有自觉的目的性。以学外语为例，学生最初可能为了考试获得好成绩而努力学习，此时需要意志努力来维持有意注意。随着外语水平的提高，学生开始对外语本身感兴趣，外语单词、书刊及电影都能自然而然引起他们的注意，无须意志来维持，这时有意注意转化为有意后注意。有意后注意既能使个体集中在当前任务上，又能节省个体精力，因此有助于完成任务。培养有意后注意的关键在于形成和发展对活动本身的直接兴趣。但必须明确的是，任何活动都不是单纯依赖某一种注意形式。一方面要利用新颖强烈多变的刺激引起幼儿的无意注意，另一方面还要激发幼儿的有意注意。在仅有有意注意时，个体因精神持续紧张而疲劳，幼儿尤其如此，因此在活动中应将几种注意形式交叉运用，使幼儿既能有兴趣地、积极主动地进行活动，又不会引起幼儿精神紧张和疲劳。如在教学活动中，教师要合理运用抑扬顿挫的语调、变化适宜的表情动作、明了直观的演示来引起和保持幼儿的无意注意，同时也要用简单易懂的语言使幼儿明确活动的目的，并随时鼓励他们专注于当前活动，以引起和保持幼儿的有意注意，从而提高教学活动的效果。

注意对于学前儿童的心理发展具有重要意义。注意使儿童从信息繁多的环境中捕捉到需要的信息，发觉环境的变化以及时调整自己的动作来适应环境。注意与学前儿童发展的关系具体表现为以下几点：一是注意有助于幼儿知觉的发展。注意是指个体心理活动对一定对象的指向和集中，是感知觉和认识的先决条件。此外，注意还是研究缺乏语言表达能力幼儿的感知发展的指标，如幼儿注意集中于复杂模式图形的时间比简单模式图形的时间长。二是注意有助于幼儿记忆的发展。只有经过注意的知觉信息才能进入长时记忆系统。三是注意有助于幼儿坚持性的发展。集中的注意力使幼儿能坚持某一行动，遵守集体行为规则，具有良好的道德品质和人际关系。四是注意有助于幼儿的学习。幼儿集中注意时，学习效果好，能力提高也快。

拓展阅读：注意缺陷多动障碍①

注意缺陷多动障碍（attention-deficit hyperactivity disorder，AD-HD），在我国又称多动症，是儿童注意力缺乏、唤起过度、活动过多、冲动性和延迟满足困难等一系列心理行为问题的总称，它是儿童期最常见、最复杂的心理与行为障碍之一。多动症的多发年龄一般在学龄早期（6—10岁），但是幼儿期即可出现症状，主要表现为活动过多、注意力不集中、易激动、冲动、任性、情绪不稳定、攻击、动作不协调、学习失败、同伴关系差等。儿童多动症发病率的统计差异很大，大多数文化中，儿童群体的发病率是5%（成年人是2.5%）。近年来我国学龄儿童的患病人数约在500万以上，并且有逐年上升的趋势。据估计，在美国有3%～5%的儿童患有多动症。有些（但不是所有的）问题会随着年龄的增长而逐渐减少，大约有40%的多动症儿童在青少年后期仍然存在此类问题，10%的儿童在成年以后仍部分地表现出此类问题。

注意障碍和活动过度是多动症的主要特征。概括起来，多动症的

---

① 王惠萍，孙宏伟.儿童发展心理学[M].2版.北京：科学出版社，2018：266-268.

主要表现包括注意集中困难、活动过度、情绪不稳、学习困难、行为问题、动作协调困难等。

美国《精神障碍诊断和统计手册》第5版（DSM-V）的诊断标准如下：

1.持续的妨碍功能或发展的注意缺陷和（或）多动冲动行为，具体如（1）和（或）（2），凡满足注意缺陷或多动冲动行为症状的六条及以上并至少持续6个月，可诊断为多动症。

（1）注意缺陷：六条（或以上）下述症状持续至少6个月。

①在学习或其他活动中常常不能对细节进行密切关注或犯粗心大意的错误（如忽略或漏掉细节，做事不正确）。

②在进行任务或活动时常常很难维持注意力（如在听课、对话，或长篇阅读中难以专注）。

③与之对话时，显得心不在焉，似听非听（如心思在别的地方，即使并没有明显的分心）。

④常常不能听从指导且无法完成作业、日常家务（如开始任务后很快失去关注且很容易将之放在一边）。

⑤常常难以组织任务和活动（如难以管理连续性任务；难以保持材料和物品有秩序；凌乱地、无组织地工作；很差的时间管理能力；难以在截止时间前完成任务）。

⑥常常回避、不喜欢或不愿意参加那些需要持久精力的任务（如学习或家务）。

⑦经常遗失任务或活动的必需品（如学习材料、铅笔、书、工具、钱包、钥匙、作业本、眼镜、手机）。

⑧常常容易因外部刺激分心。

⑨日常活动中很健忘（如做家务、外出做事）。

（2）多动冲动行为：六条（或以上）下述症状持续至少6个月。

①四肢经常动个不停或者在座位上扭动。

②在教室或其他要求坐好的地方常常擅自离开座位。

③常常在不合适的场合过多奔跑或攀高。

④常常难以安静地进行游戏或参加各种休闲活动。

⑤常常忙个不停，好像身上装着马达（如在餐馆、会议室很难安静或舒服地待着；往往被其他人视为不安宁或难以跟上步骤）。

⑥经常过度地讲话。

⑦经常在问题尚未问完时便急于给出答案（如完成别人的句子；在对话中迫不及待轮到自己）。

⑧常常难以排队等候。

⑨经常打断或插入他人谈话（如插入谈话、游戏或活动；在没有询问或被允许前就开始使用他人的东西）。

2.有些注意缺陷或多动冲动症状在12岁之前出现。

3.有些注意缺陷或多动冲动症状在两个或更多情境中出现（如在家、学校；与朋友或亲戚在其他活动中）。

4.有明显证据显示症状妨碍或降低了社会、学业或职业功能。

5.该症状并非与精神分裂症或其他心理障碍同时发生，且不能被其他心理障碍更好地解释。

第二节 学前儿童注意发展的特点

一、定向性注意的发生先于选择性注意的发生

（一）定向性注意的发生

最初的定向性注意主要是由外界事物的特点引起的，也是无意注意的最初形式。本能的定向性注意在儿童以至成人的活动中不会消失，如突然出现的巨大声响，总会引起本能的"是什么"反射，但是，这种定向性注

意会随着年龄的增长而出现减退。

（二）选择性注意的发生

所谓选择性注意，是指儿童偏向于对一类刺激物注意得多，而在同样情况下对另一类刺激物注意得少的现象。选择性注意在新生儿时已经出现。其发展主要表现在两个方面：

1.选择性注意性质的变化

在儿童发展过程中，注意的选择性最初取决于刺激物的物理特点，以后逐渐转变为主要取决于刺激物对儿童的意义，即满足儿童需要的程度。

2.选择性注意对象的变化

对象的变化包括两个方面：一是选择性注意范围的扩大，注意的事物日益增加；二是选择性注意对象的复杂化，即从更多注意简单事物发展到更多注意较复杂的事物。

拓展阅读：视觉偏好实验[①]

（一）实验介绍

在大多数人的印象中，鲜亮和带着声音的玩具更能吸引婴儿的注意。婴幼儿视线的追随是否存在一定的规律？这一问题引起了一大批心理学家的好奇，其中范兹（R.L.Fantz）在1961年通过一系列实验，用科学的手段对0—2个月的婴儿的视觉偏好进行了探究。

1.实验设计

（1）实验对象

出生4天—2个月的婴儿。

（2）实验准备

为了避免在逗引婴儿时难以及时记录婴儿的注视时间，以及无法判断婴儿究竟是对逗引者的玩具感兴趣还是对他那些可笑的表情感兴

---

① 洪秀敏，张明珠，刘倩倩.80项婴幼儿心理学实验及启示[M].北京:北京师范大学出版社，2022:8-9.

趣，范兹在实验之前准备了特制的实验小屋。小屋里安置着一张小床，让婴儿躺在小床上，小床放置的位置使婴儿的眼睛可以看到挂在头顶上方的物体。范兹还在小屋的顶部开了个窥测小孔，这样他可以在小屋的顶部观察到婴儿的各种反应。他还可以不断更换屋顶悬挂的物体，仔细观察婴儿对物体的注视情况，并用秒表记录婴儿注视物体所花费的时间。

（3）实验程序

婴儿躺在一个观察箱里，实验者给婴儿同时呈现一个面部图案，一个含有混杂的面部特征的似面部刺激的图案，以及一个半明半暗的类似面部的简单视觉刺激图案（如图3-1所示）。实验者在观察箱上方进行观察，并记录婴儿注视每个视觉图案的时间。

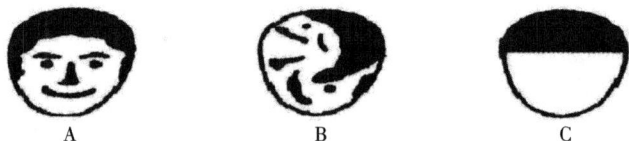

图3-1 视觉偏好实验图案

2.实验结果

（1）实验结果测评标准

通过婴儿注视物体所用的时间来判断婴儿早期能否判断不同的形状和颜色，以及婴儿更喜欢看什么类型的图案。

（2）实验结果报告

实验结果表明，婴儿早期能够轻松地分辨视觉图形，而且对有混杂面部特征的视觉刺激和正常人的面孔一样感兴趣。婴儿觉察并分辨图案的能力是天生的，但他们不能完全将人的面孔看作有意义的轮廓。

后继研究发现，婴儿更喜欢看有明暗对比、有明显分界线及有弧线的复杂图案。因为面孔和特征复杂的似面孔图案的对比度、弧度和复杂程度相同，所以婴儿会对这两个图案表现出同样的兴趣。

二、注意控制的时间在延长，持续性注意在发展

持续性注意是指个体在一段时间内能将注意保持在某个目标或某个活动上。警觉是持续性注意的一种特殊形式，即在一段时间内将注意维持在不常出现的或意外的目标上。幼小儿童难以保持自己的注意力。但是，随着年龄的增长，儿童对于注意力的控制逐渐发展，注意持续的时间在延长。研究发现，2岁儿童难以集中注意力，即便是在看动画片时，也会不时地将注意力转向其他无关事物，导致视线偏离屏幕。而4岁儿童却很少分心，能够在大部分时间内将注意力集中于电视节目上。影响持续性注意的因素是多方面的。研究发现，通过听觉通道接受信息和通过视觉通道接受信息，持续性注意效果好；刺激的强度对持续性注意的时间也有显著影响；刺激持续的时间长，注意持续的时间也长；刺激出现的概率越高，持续性注意对信号的检测效果也越好；了解活动结果有助于提高警觉的效果；等等。

三、无意注意的发生发展先于有意注意的发生发展

2岁以后，有意注意开始萌芽。随着儿童活动能力的提高、生活范围的扩大，儿童开始对周围很多事物产生兴趣，这就使学前儿童的无意注意有了进一步的发展。无意注意在整个学前期占主导地位，具体表现如下：

一是对周围事物的无意注意。2岁的儿童对周围事物的留意程度有时超过我们的预料。例如，一个2岁2个月的孩子注意到对面楼顶上有几只鸽子，于是他每天都趴在窗台上看它们，想跟它们玩。他还注意到奶奶家窗户外面经常有一辆小轿车，但回到自己家趴在窗台上看就没有了，于是他问妈妈："怎么没有小轿车呀？"

二是对别人谈话的无意注意。2岁左右的儿童很会留心别人的谈话，他们经常出其不意地接上别人的话茬。例如，一个2岁3个月的孩子，每

当听到大人谈论有关他的话题时，无论正在做什么都立刻停下来，说："说我呢。"

三是对事物变化的无意注意。2岁多的儿童不仅注意周围不变的事物，更关注周围变化的事物。例如，一次，幼儿园托班的一个小朋友豆豆穿了件新衣服，教师说"豆豆真漂亮"，一个小男孩马上跑过来说"我先看见的"。又如，有一次，教师刚刚烫了头发，这个儿童立刻就称赞教师："老师真好看！"据调查，对感兴趣的事物，1.5岁儿童能集中注意5—8分钟；1.9岁儿童能集中注意8—10分钟；2岁儿童能集中注意10—12分钟；2.5岁儿童能集中注意10—20分钟。同时，由于言语的作用和成人的要求，儿童的注意开始能服从成人提出的活动任务，因而也出现了有意注意的萌芽。例如，成人要求儿童看电视机里的少儿节目，他们能集中注意看一会儿，但如果不感兴趣，很快就把注意转移了。据观察，儿童在成人要求下看电视不如他们自动去看电视保持时间长。

案例分析：

在活动中，小班的李老师看见小红在低头玩黏纸，便大声地说："小红，你在干什么？快看老师这里。"请分析小红的行为，并对教师的教学行为做出分析。

小班幼儿的无意注意占绝对优势，有意注意只是初步形成，在成人的帮助下，幼儿开始调节自己的注意，明确注意的目的和任务。李老师用语言提示和组织幼儿的注意活动，会促进幼儿有意注意的发展。同时，我们要看到，由于李老师的教学内容对幼儿的刺激性不强，从而导致幼儿注意的分散。作为教师，要善于运用直观、形象、生动的教具和材料来集中幼儿的注意。

第三节　各年龄阶段学前儿童注意发展的特征

一、无意注意的发展

整个学前期的儿童的注意均以无意注意为主，有意注意正在逐渐形成，注意的各种品质不断发展。

（一）0—3岁学前儿童无意注意的发展

新生儿已表现出无意注意的最初形态，当他们处于适宜的觉醒状态时，明显的外来刺激会引起他们的全身反应，这就是无条件定向反射，也称为定向性注意，如强烈的声音会使他们暂时停止吸吮。定向反射表现为新刺激所引起的复合反应，包括血流量变化（如肢体血管收缩，血流量减少；头部血管舒张，血流量增加）、心率变化、汗腺分泌、胃的收缩、瞳孔扩大和脑电波变化等。出生2周或3周以后，新生儿会出现明显的视觉集中和听觉集中现象，他们能注视在视野中出现的物体，视线也会随着物体的运动而移动。在听到声音时会停止哭闹且侧耳倾听，直到声音消失。人们一般认为注意在此时出现。下面介绍几种常用的测量婴儿注意的指标。

1.觉醒状态

觉醒是一种整体状态，可以分为规则的睡眠、不规则的睡眠、昏昏欲睡、不活跃的情形、活跃的情形和哭闹6种水平。在不同的觉醒水平下，注意的表现不同。清醒的状态下最适宜于研究婴儿的注意。

2.习惯化

习惯化指婴儿不再注意多次连续出现或延续一段时间的刺激，即对熟悉的刺激所发生的注意减退的现象。婴儿对视觉和听觉等刺激物都有习惯化现象，它可以用作测量婴儿注意的指标。测量婴儿习惯化的传统的方法是"固定的试验程序"：在固定的时间内向婴儿呈现某种刺激，而后测定在此时间内婴儿注视的时间或心率。

3.心率变化

心跳对环境的变化非常敏感，利用现代化技术比较容易测量，心率变化是常用的生理测量指标之一。有研究者指出，心率降低是定向的表现，而心率提高是防御和恐惧的反应。

4.瞳孔扩大

婴儿的瞳孔在注意发生变化时也会有大小变化。婴儿注意人脸时的瞳孔比注意非社会性刺激物时的大，注意陌生人时的瞳孔比注意母亲时的大。但这一指标测量起来比较困难，因此可用范围较小。

5.吸吮抑制

在新刺激出现时，婴儿会停止身体其他部分的活动。最常见的是，婴儿看见或听见某种新刺激就停止吸吮动作。

研究婴儿的注意一般要测量多项指标。例如，除了记录心率变化以外，还要记录其面部表情、动作和发声的变化等。婴儿的注意虽大多由外界刺激引起，但他们并不是完全消极被动地等待外界刺激，也会主动探索。

拓展阅读：眼动追踪技术与婴幼儿研究[①]

随着研究技术的进步，心理学研究对象的年龄范围也随之扩展到婴幼儿群体。由于婴幼儿的语言和动作尚未完全成熟，因此，在能够完整地进行口语报告以前，视觉则成为了解6岁以下幼儿心理的最重要途径之一。最近10年间，眼动仪在婴幼儿研究中（尤其是认知研究）受到越来越多的重视（Aslin，2012；Bremner，2011；Feng，2011；Gredebäck，Johnson，& Von Hofsten，2010；Oakes，2010，

---

① 王福兴,童钰,钱莹莹,等.眼动追踪技术与婴幼儿研究:程序、方法与数据分析[J].心理与行为研究,2016,14(4):558,562-563.

2012；韩映虹，闫国利，2010）。作者使用婴幼儿关键词"infant""child""newborn"和"toddler"，眼动关键词"eye tracking"和"eye movement"在国外三大数据库（PubMed，EBSCO，Web of Science）对2009至2014年的研究进行搜索，筛选后发现有121篇使用眼动追踪技术研究婴幼儿认知发展的文献。国内通过CNKI数据库，采用"幼儿""学前儿童""眼动""眼动仪"关键词检索到45篇相关的研究（2011年及以后有相关研究39篇）。眼动技术在婴幼儿研究中的蓬勃发展，说明相对于早期的摄像机记录分析婴幼儿的注视时间，眼动更加客观、量化的优势得到了研究者的认可（Gredebäck et al., 2010）。

检索这些以往研究发现，采用眼动技术的婴幼儿认知研究涉及面孔知觉（Amso, Haas, & Markant, 2014；Gaither, Pauker, & Johnson, 2012）、客体表征（Shuwairi & Johnson, 2013；Sirois & Jackson, 2012）和动作发展（Elsner, Pfeifer, Parker, & Hauf, 2013；Franchak & Adolph, 2010）等十多个领域。现有研究中眼动追踪技术可以适用的最小婴儿被试为3个月大（Di Giorgio, Turati, Altoè, & Simion, 2012；Frank, Vul, & Johnson, 2009）。

梳理现有研究发现，与成人研究类似，大部分研究者在注视点界定上采用眼睛注视停留在一定区域（如：30像素半径或1度视角）超过100 ms来界定注视（Amso et al., 2014；Gaither et al., 2012；Liu et al., 2011；Ronconi et al., 2014），低于此阈值作为噪声进行过滤。也有一些研究者采用一定区域（如：50像素半径或1度视角半径）停留超过200ms作为标准（Biro, 2013；Bornstein et al., 2011；C. Elsner et al., 2014；Richmond et al., 2015）或1度视角内停留超过30 ms作为标准（Shuwairi & Johnson, 2013）。此外，也有研究者使用眼跳速度（30 °/s）和眼跳加速度（8000 °/s）来界定注视（Kolling et al., 2014）；也有人使用100像素范围内停留80 ms作为界定注视标准（Taylor & Herbert, 2013）。具体的标准需要研究者根据数据质量和研究需要自己权衡。

在婴幼儿研究中，用到了很多眼动指标，比如：总注视时间（total fixation time/looking time）、注视次数（fixation count/fixation number）、首次注视到达时间（time to first fixation/latency to first fixate），这些指标界定和分析方法与成人研究类似，在此不再赘述（Rayner，1998；闫国利等，2013）。仅介绍一些在婴儿研究中比较特殊的指标。

瞳孔大小（pupil size）是一个在婴幼儿研究中常用而成人研究中较少使用的指标。研究认为瞳孔放大反映了认知难度增加、心理加工强度增大和对信息的兴趣增加，被试需要通过瞳孔放大获取更多的视觉信息（Ariel & Castel，2014；Goldinger & Papesh，2012）。在婴幼儿研究中，瞳孔大小会提供其他眼动指标无法发现的一些结果。比如：研究者在婴儿对非预期性事件认知和客体永存研究中，婴儿的瞳孔大小测量可以辅助解释可靠性不高的观看时间（Jackson & Sirois，2009；Sirois & Jackson，2012）。由于瞳孔大小会受到低水平刺激（比如：明度）的影响（Laeng & Sulutvedt，2014），因此瞳孔直径计算一般采用实验条件下的瞳孔直径减去基线所得的差值。比如：有研究者在正式实验刺激之前让其观看中性刺激，以中性刺激条件下的瞳孔直径（Morita et al.，2012）或控制组的瞳孔直径大小作为基线（Frankenhuis，House，Clark Barrett，& Johnson，2013），对比不同条件下瞳孔直径的变化即可推测出婴幼儿相应的心理活动。也有研究发现，婴儿对陌生人的中性情绪面孔有瞳孔放大现象（Gredebäck，Eriksson，Schmitow，Laeng，& Stenberg，2012）。因此，瞳孔直径的变化对于了解婴幼儿的认知、情感等具有重要意义。

眼跳潜伏期（saccade latencies）的应用多来自一些运动物体感知或动作感知的研究（Gredebäck et al.，2010）。根据婴儿研究中的界定，如果注视发生在物体或事件发生之前，被界定为预测性眼跳（predictive）；如果注视发生在之后则界定为反应性眼跳（reactive）（Falck-Ytter，Gredebäck，& Von Hofsten，2006；Gredebäck et al.，2010）。类似地，也有研究者提出预测性注视（anticipatory fixation）来解释婴儿对物体或归类的注视（McMurray & Aslin，2004）。平滑追踪（smooth pursuit）是人们对运动物体进行持续视觉追踪的一种眼动模式（Duchowski，2007；王向博，丁锦红，2011）。新生儿眼球运动的主要形式是跳跃式，在6—8周时婴儿眼球追踪物体的能力开始发展，到4—5个月时婴儿平滑追踪的能力才接近成人的水平（Von Hofsten & Rosander，1997）。

定向性注意和选择性注意都属于被动的无意注意，是儿童注意的最初形式。此时儿童的注意往往是由刺激物本身的特性决定的，他们最易被发光的、运动的、颜色鲜艳的以及能满足他们生理需要的事物所吸引。逐渐地，儿童学会独立行走，摆弄物品，探索事物的兴趣更浓，周围环境中能引起他们注意的事物（如图片、玩具等）变多，注意某一事物的时间也逐渐延长。儿童无意注意的性质和对象不断变化，注意对象不断增加，注意的稳定性也不断增长，并随着各年龄阶段的生理和心理发展差异表现出不同的特点。

1岁以后，随着儿童生理的成熟、认知能力的提高和语言的发展，儿童在注意范围、注意时间和对注意对象的理解上有了进一步提高。概括起来，3岁前儿童的注意主要以无意注意为主。1—3岁儿童注意的发展和儿童认知的发展联系密切，特别是和表象与言语的发生发展联系密切。1.5—2岁儿童的表象开始发生，自此儿童的注意开始受表象的影响。当眼前事物和已有表象或事实与期待出现矛盾或较大差距时，儿童会产生强烈的注意。1岁以后，儿童言语初步发展，能说出单音重叠句，能以具有最初概括性意义的词代替句子，对成人的言语指令表现出相应的反应。言语的发展使儿童注意对象的范围扩大，1.5岁以后的儿童能够把注意集中在玩玩具、看图片、听故事、唱儿歌等活动上，这些注意活动都是和表象与言语分不开的。2岁左右，言语超越刺激的新异性的影响开始支配儿童注意的选择性，同时注意的时间、广度等均随着年龄的增长而延长或扩大。

（二）3—6岁学前儿童无意注意的发展

3岁前儿童的注意基本上都属于无意注意，3—6岁儿童虽仍然以无意注意为主，但和3岁前儿童相比已经有了较大发展。由于无意注意是在没有任何目的、不需要意志努力的情况下产生的，所以儿童的无意注意主要有以下两个特点：

1.引起无意注意的主要因素仍然是刺激物的物理特性

鲜艳明亮的色彩、变化运动的刺激等都容易引起儿童的无意注意，如颜色多样的积木、动画片、香甜可口的蛋糕等。自然界中天上的飞鸟、夜晚穿梭在云中的月亮、屋檐上滴下的雨滴等，也由于它们的活动变化而易引起儿童的注意。正因为儿童无意注意有这些特点，在上课时，如果教室里有人走来走去或窃窃私语、室外有儿童在玩耍等都会使儿童难以保持注意。随着儿童知识经验的丰富和认识能力的发展，他们能够发现许多事物的新颖性，补充自己的原有经验。在整个幼儿期，新颖性对引起注意有重要作用。

2.引起无意注意的原因是刺激物与儿童的兴趣和需要密切相关

随着年龄的增长，儿童的活动范围不断扩大，生活经验也比以前更丰富，有了自己的兴趣和爱好。凡是符合儿童兴趣的事物，都容易引起儿童的无意注意。例如，有的儿童特别喜欢玩具娃娃，经常会关注与玩具娃娃有关的事情。符合儿童经验水平的教学内容和以游戏形式出现的教学方式，也容易吸引儿童的注意。这个时期的儿童逐渐渴望参加成人生活实践活动，比如做饭、洗衣、开车、打针、售货等活动都成为儿童无意注意的对象。

小班儿童的无意注意占优势，新异、强烈以及运动的刺激物很容易引起他们的注意，但注意也容易被其他新异的刺激所转移。中班儿童的无意注意进一步发展，且比较稳定。大班儿童的无意注意进一步发展和稳定，对于有兴趣的活动比中班儿童能更长时间保持注意。

二、有意注意的发展

有意注意是由脑的高级部位控制的，特别是额叶的控制。儿童额叶的发展为有意注意的发展提供了生理条件，但起抑制分心作用的额叶大约在人7岁时才发展成熟，因此儿童的有意注意虽然开始发展，但未能充分发展。此时他们的注意特点是无意注意仍占优势地位，有意注意逐渐发展。儿童入园后，有规律的生活和教育使其有意注意有了很大的发展，但由于受到年龄的制约，其有意注意尚处在初级发展阶段，还需要成人帮助加深对活动任务的理解，在成人引导下用语言组织有意注意。成人的教育对儿童注意的发展有着至关重要的作用，成人特别是幼儿教师应根据儿童注意发展的特点和规律，有目的、有计划地组织教育活动，积极主动地培养和发展儿童的注意，为儿童的心理发展和今后的学习活动创造有利条件。儿童的注意是在成人的要求和教育下开始逐步发展的。儿童有意注意的产生要有一定的条件：活动丰富多彩；对活动目的、任务初步理解；对活动感兴趣；成人为其提供语言指导和语言提示；儿童的性格与意志特点符合有意注意产生的要求。

儿童有意注意的形成大致经过三个阶段：第一阶段，儿童的注意由成人的语言指令引起和调节。如成人会对七八个月的婴儿边说"宝宝，看，这是花"边指向花所在的地方，此时婴儿的注意开始带有有意性的色彩。第二阶段，儿童通过自言自语控制和调节自己的行为。儿童在掌握语言后常常一边做事（画画等）一边自言自语"我得先用黑笔画出小人的头发"，此时儿童能自觉运用言语将注意力集中在当前任务上。第三阶段，儿童运用内部言语指令控制和调节行为。随着内部言语的形成，儿童逐渐会自己确定目的，制订计划，排除干扰，将注意集中在当前任务上，这是高级水平的有意注意。由此可知，有意注意在无意注意的基础上产生，与儿童言语的发展有关，是人类社会交往的产物。但要谨记的是，学前儿童的有意注意发展水平远远低于无意注意，因此幼儿园教育中既要充分利用学前儿童的无意注意，又要努力培养其有意注意。

第四节　学前儿童注意力培养策略

俄国教育家乌申斯基说过："注意是心灵的天窗。"只有打开注意力这扇窗户，智慧的阳光才能洒满心田。注意力是孩子学习和生活的基本能力，注意力的好坏直接影响孩子的认知和社会性情感等身心各方面的发展及其入学后学业成绩的高低。

一、营造安静、简单的环境

学前儿童注意的稳定性差，容易被新颖的刺激所吸引。教师与家长要根据这一特点，营造安静、整洁的环境，减少外界刺激对幼儿的干扰，更好地保持幼儿的注意。比如家里的物品摆放要整齐有序，玩具要放在指定位置。幼儿园同样如此，设置专门的墙角区，如积木区、图书区、花卉区、绘画区等，在游戏结束时注意引导幼儿将玩具放回原地。

幼儿在做游戏时不要给予过多的玩具，教师与家长要注意自己的言谈举止，与幼儿形成良好的互动模式。如：幼儿园要给幼儿提供安静的环境，活动室的墙面布置不要过于花哨，突出主题即可；教师的动作不要过多，衣着得体；上课期间对于注意容易分散的幼儿，教师应适时用细微的眼神动作进行提醒，也可以将其抱在怀里，防止幼儿的注意分散；同时教师在上课时手机要调到振动上，避免手机一响打乱正常的课堂秩序，使幼儿的注意发生转移。

案例分析：

爸爸妈妈带着5岁的小明逛动物园，爸爸和小明比赛数猴子、数老虎、数孔雀……结果每次都是爸爸赢。爸爸想教小明一次数两个、数三个、数五个的办法，可都教不会。这是因为5岁幼儿的注意是以无意注意为主的，注意不稳定，尤其容易受新异的、鲜明的、活动的刺激物的吸引而转移注意。动物园的动物是新异的、鲜明的、活动的刺激物，而数数是不具备这些特点的，所以小明不会将注意稳定到数数上。

二、明确活动的目的

学前儿童对活动的目的和意义理解得越深刻，完成任务的愿望就越强烈，在活动过程中，注意力就越集中，注意力维持的时间也就越长。比如：一个平时写字总是拖拖拉拉、漫不经心的孩子，如果你许诺他认真写字，按时完成任务之后就送一件他一直想得到的礼物，他一定会沉下心来，集中注意力认真地写字。在日常生活中，家长还可以训练孩子带着目的去自觉地集中和转移注意力。如问孩子"老师的故事书去哪儿了""桌上的玩具少了没有"，或是叫孩子画张画送给好朋友做生日礼物等，这样有目的地引导孩子学会有意注意，可让他们逐步养成围绕目标自觉集中注意力的习惯。

三、激发学前儿童对活动的兴趣与需要

兴趣是最好的老师，要培养学前儿童的注意力，需要从学前儿童的兴趣与需要出发。许多实例证明，强烈、新奇、富于运动变化的物体最能吸引幼儿的注意。如会奔跑的小汽车、会跳的小青蛙、会走路的小娃娃等玩具能调动幼儿的好奇心，让他们集中注意力去观察、摆弄。幼儿园可以利用一些类似的玩具，来训练幼儿集中注意力。特别是对0—3岁的幼儿，采取这种方法是最理想、最有效的。为了激发幼儿对某一活动的兴趣，教师要注意活动的内容应适合幼儿的年龄特征、心理发展水平，要与幼儿的经验相联系。教学中使用的教具要新颖，使幼儿拥有进行活动的经验准备

和能力准备。大部分幼儿喜欢参加美术与手工活动，在这些活动中幼儿的注意力集中时间比言语等活动的集中时间要长很多。

兴趣是产生和保持注意力的主要条件，学前儿童对事物的兴趣越浓，其稳定、集中的注意力就越容易形成。家长还可以在家中和孩子进行亲子阅读，玩拼图等结构游戏，认识一些有趣的动物等，利用幼儿对新事物的好奇心去培养其注意力，让幼儿在游戏中学习细心观察、专心记忆、认真思考。当幼儿对某一事情产生好奇心时，家长和教师要注意引导，使幼儿的兴趣在活动中得到发展，以此来发展他们的注意力。因此，兴趣的发展影响幼儿注意力的发展。

四、培养学前儿童的自我约束能力

自我约束能力差是导致学前儿童注意力分散的一个重要原因。年龄越小，自我约束能力越差，小班幼儿的注意一般能维持3—5分钟，中班幼儿的注意大约能维持10分钟，大班幼儿的注意能维持15分钟左右。教师要注意运用听说读写等多种方法训练幼儿的自我约束能力，从而提高幼儿的注意力。

当幼儿所处的环境中出现新异刺激时，幼儿往往很容易被吸引。因此，教师和家长可以有意识地创设情境来提高幼儿的自我约束能力。比如幼儿在做游戏时，教师和家长有意识地增加干扰因素，如果幼儿被干扰，教师和家长要及时对幼儿提出明确的要求，让幼儿保持注意力。要培养幼儿的自我约束能力，还要排除主观因素的干扰，教师和家长可以帮助孩子从控制外部行动做起，要求幼儿在一段时间内专心做一件事，不可一会儿做这个，一会儿又做那个，如不可以边吃饭边玩；同时要求幼儿在做某件事或学习做游戏时，不要东张西望，不要胡言乱语，不要乱动、乱摸等。幼儿坚持性发展的关键期是4—5岁，教师和家长可以通过各种途径采取相应措施对幼儿进行教育，以提高幼儿的自我约束能力。

五、有规律的生活

幼儿生活作息要有规律，做到有张有弛、动静交替。如果某一活动持续时间过长，会使得神经细胞产生疲劳，容易导致大脑皮质的兴奋性降低，从而进入抑制状态，不利于幼儿良好注意力的养成。对于不同性质的活动的转换要合理，如在进行体育活动时，教师要在活动后让幼儿做深呼吸运动，放松身体。同时，幼儿园在安排幼儿的作息时要注意让幼儿保持充足的睡眠、游戏和学习生活的时间，并形成家园教育的合力，共同培养幼儿良好的生活作息习惯。

拓展阅读：警惕电子产品的危害①

6岁的淘淘从幼儿园回到家的第一件事，就是打开爸爸的平板电脑玩游戏。如果妈妈不制止，他会一直玩下去。晚饭后，淘淘会看两集动画片，这是事先和妈妈约定好的，有时候妈妈实在拗不过他，会允许他多看一集。看着淘淘每天都和平板亲密接触，妈妈有些担心他的视力，有时候让他下楼和小朋友玩一会儿，他都不乐意。

其实很多三四岁甚至更小的孩子都可以娴熟地用小手找到自己钟爱的游戏和动画片。面对这些功能强大的电子产品，家长的心态很矛盾。一方面他们承认电子产品在教育孩子方面起到了一定的作用，另一方面又担心过早地接触电子产品会对孩子的成长不利。

20世纪80年代，美国科研人员的一项研究发现孩子看电视会影响注意力。该研究首先在政府有关儿童的数据库中查到1—3岁儿童花在看电视上的时间（数据由孩子的母亲提供），然后测查这些孩子7岁时的注意力状况。研究共涉及1300名儿童。分析的结果发现在童年早期常看电视的儿童，后来极易出现注意力方面的问题，他们常常容易冲动，坐立不安。研究还发现，孩子每多看一小时电视将使其注意力出

---

① 洪秀敏,李晓巍,王兴华.学前儿童心理学[M].北京:北京师范大学出版社,20122:100.

现问题的概率增加10%。一天看三小时电视的孩子比那些不看电视的孩子出现注意力问题的概率高30%。

另有研究者认为快速变化的图像和场景会过度地刺激儿童的大脑。儿童在看动画片或玩游戏时必须把自己的注意点频繁地从一个目标转向另一个目标，即不断重新定位注意点，这会影响神经细胞的发育和脑神经递质的调节，从而影响大脑的结构和功能。

反 思 探 究

（1）简述幼儿注意发展的特点。

（2）引起幼儿注意分散的原因是什么？如何有效防止？

（3）幼儿的无意注意和有意注意有什么区别？

（4）到幼儿园观察小班、中班、大班幼儿注意的发展特点。

第四章　学前儿童感知觉的发展

思维导图

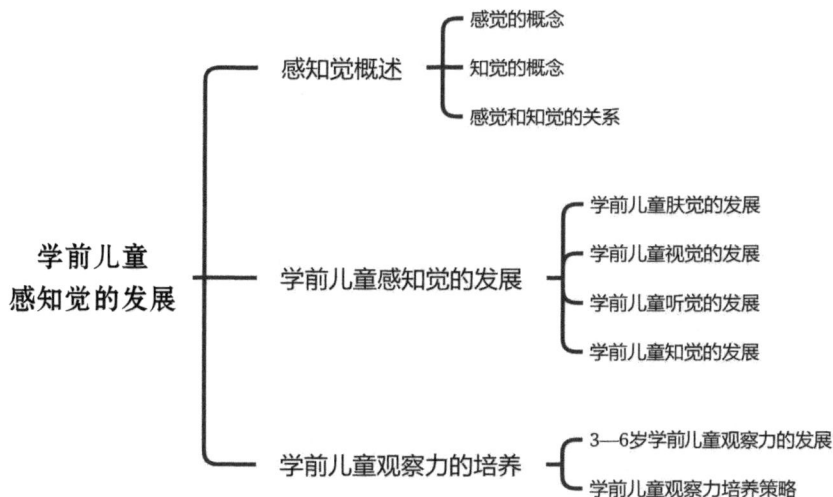

学习目标

（1）树立坚定的责任感和使命感，引导学前儿童养成科学的用眼、用耳习惯，做一名党和人民放心的儿童教育工作者。

（2）了解感觉、知觉和观察力的基本概念。

（3）理解感知觉的基本规律。

（4）掌握学前儿童感知觉的发展特点及培养学前儿童观察力的方法。

案 例 导 入

可文小朋友今天可真逗。老师出示了几张四季水果图片，可文看到这些漂亮的图片后很兴奋，那种神情好像要把这些水果一口一口地都吃进肚子里。这时，有位小朋友站了起来，挡住了可文的视线，可文着急地喊着"看不见了，看不见了"，边说边拉开小朋友，样子可爱极了。

第一节　感知觉概述

感觉和知觉是人类认识自我、认识世界的开端，是获得经验的源泉，是个体认识自己和世界的基本手段，是人类一切心理活动的基础。感知觉保证人们对周围环境的最初适应，同时让人们获得最初的学习经验。

一、感觉的概念

（一）什么是感觉

感觉是人脑对直接作用于感觉器官的事物的个别属性的反映。当我们面前放一个苹果时，我们是怎样认识它的呢？我们用眼睛看，知道它有红红的颜色、圆圆的形状；用嘴去咬，知道它是甜的；拿在手上掂一掂，知道它有一定的重量。我们的头脑接收加工了这些属性，进而认识了这些属性，这就是感觉。

感觉是最简单的心理过程，是各种复杂的心理过程的基础，但感觉在人类的生活中具有非常重要的作用。首先，感觉是人们认识世界的开端。

通过感觉，人们既能认识外界事物的颜色、温度、气味、软硬等属性，也能认识自己机体的状态，如饥、渴等，从而有效地进行自我调节。借助于感觉获得的信息，人们可以进行更复杂的知觉、记忆、思维等活动，从而更好地反映客观世界。其次，感觉是维持正常心理活动的重要保障。实验表明，在动物个体发育的早期进行感觉剥夺，会使动物的感觉功能产生严重缺失。人类也无法长时间忍受全部或部分感觉剥夺。感觉剥夺会使人的思维过程混乱，出现幻觉，注意力不能集中，甚至还会产生严重的心理障碍。

拓展阅读：感觉剥夺实验[①]

　　研究者首次报告了感觉剥夺的实验结果。实验要求被试安静地躺在实验室的一张舒适的床上，室内非常安静，听不到一点声音；一片漆黑，看不见任何东西；被试两只手戴上手套，并用纸卡卡住腿脚。吃喝都由主试事先安排好，不需要移动手脚。总之，来自外界的刺激几乎都被"剥夺"了。实验开始时，被试还能安静地睡觉，但稍后，被试开始失眠，不耐烦，急切地寻找刺激，他们唱歌，吹口哨，自言自语，用两只手套互相敲打，或者用它去探索这间小屋。被试变得焦躁不安，觉得很不舒服，总想活动。实验中被试每天可以得到20美元的报酬。但即使这样，也难以让他们将该实验坚持2天以上。这个实验说明，来自外界的刺激对维持人的正常生存是十分重要的。

通过这个实验得到这样一个结论：人的身心要想保持在正常的状态下进行工作就要不断从外界获得新的刺激。丰富的、多变的环境刺激是有机体生存与发展的必要条件。

（二）感觉种类

根据刺激的来源，我们可以把感觉分为外部感觉和内部感觉。

---

① 彭聃龄.普通心理学[M].5版.北京:北京师范大学出版社,2019:85.

1.外部感觉

外部感觉是由机体以外的客观刺激引起、反映外界事物个别属性的感觉。外部感觉包括视觉、听觉、嗅觉、味觉和肤觉五种，其中以视觉、听觉最为重要。人接受的外部事物属性的信息，80%~90%是通过视觉获得的，听觉次之。以眼睛为感觉器官，辨别外界物体明暗、颜色等特性的感觉叫作视觉。声波振动鼓膜产生的感觉就是听觉。某些物质的气体分子作用于鼻腔黏膜时产生的感觉叫作嗅觉。可溶性物质作用于味蕾产生的感觉叫作味觉。肤觉是皮肤受到刺激而产生的感觉，可以分为触觉、温度觉、痛觉。

2.内部感觉

内部感觉是由机体内部的客观刺激引起、反映机体自身状态的感觉。内部感觉包括运动觉、平衡觉和机体觉。运动觉是反映身体各部分运动和位置的感觉。凭借运动觉，我们可以行走、劳动，还可以进行各种体育活动，完成各种复杂的运动技能；凭借运动觉与触觉等的结合，我们可以认识物体的软硬、弹性、远近、大小等特性。平衡觉是反映头部位置和身体平衡状态的感觉。平衡觉的作用在于调节机体运动、维持身体的平衡。平衡觉与视觉、机体觉有联系，当前庭器官受到刺激时，视野中的物体仿佛在移动，我们会产生眩晕、恶心、呕吐等症状。机体觉是机体内部器官受到刺激时产生的感觉。机体觉在调节内部器官的活动中具有重要作用，它能及时地反映机体内部环境的变化、内部器官的工作状态。机体觉的表现形式有饥、渴、气闷、恶心、窒息、便意、胀、痛等。感觉的种类详见表4-1。

表4-1　感觉的种类

种类		适宜刺激	感受器	反映属性
外部感觉	视觉	400~760毫微米的光波	视网膜的视锥细胞和视杆细胞	黑、白等颜色
	听觉	16~20000次/秒音波	耳蜗的毛细胞	声音

种类		适宜刺激	感受器	反映属性
外部感觉	味觉	溶于水的有味的化学物质	舌、咽上的味蕾的味细胞	甜、酸、苦、咸等味道
	嗅觉	有气味的挥发性物质	鼻腔黏膜的嗅细胞	气味
	肤觉	物体机械的、温度的作用或伤害性刺激	皮肤和黏膜上的冷点、温点、痛点、触点	冷、温、痛、压、触
内部感觉	运动觉	肌肉收缩，身体各部分位置变化	肌肉、筋腱、韧带、关节中的神经末梢	身体运动状态、位置变化
	平衡觉	身体位置、方向的变化	内耳、前庭和半规管的毛细胞	身体位置变化
	机体觉	内脏器官活动变化时的物理化学刺激	内脏器官壁上的神经末梢	身体疲劳、饥、渴和内脏器官活动不正常

（三）感受性变化规律

1.感觉适应

感觉适应是指由于刺激物对感受器的持续作用，使感受性提高或降低的现象。

各种感觉都有适应现象，但表现和速度是不同的。视觉适应包括明适应和暗适应两种。我们从暗处来到光亮处时，刚开始会觉得目眩，看不清周围的东西，几秒钟以后才逐渐看清周围的物体，这叫明适应。明适应使视觉器官在强光的刺激下感受性降低了。我们从光亮处来到暗处时，一开始什么也看不清，若干时间后才逐渐看清周围事物的轮廓，这叫暗适应。暗适应使视觉器官在弱光的刺激下感受性提高了。生活中也常常能观察到听觉适应的现象。例如，去参加一个舞会，刚到舞会现场时会觉得音乐声很大，一会儿便觉得音乐声没有刚开始听起来那么大了。"入芝兰之室，久而不闻其香；入鲍鱼之肆，久而不闻其臭"，这句话说的是嗅觉适应现象。我们吃了甜的食物，再吃酸的食物时会觉得更酸，这是味觉适应现象。

感觉适应对于有机体来说具有积极的意义（即使是难以适应的痛觉，对于有机体来说，也是具有积极意义的），有机体能够在变化的环境中不断感知外界事物，进而调整自己的行为，以便更好地生活和工作。

2.感觉对比

感觉对比是指同一感受器接受不同的刺激而使感受性发生变化的现象。感觉对比包括同时对比和继时对比。不同刺激同时作用于同一感受器时，便产生同时对比。"月明星稀"也是感觉对比的现象。不同刺激先后作用于同一感受器时，便产生继时对比。例如，吃了糖果后再吃苹果，会觉得苹果是酸的。

3.不同感觉的相互作用

不同感觉的相互作用是指不同感受器因接受不同刺激而产生的感觉之间的相互影响，也就是说，对某种刺激的感受性会因其他感受器受到刺激而发生变化。不同感觉相互作用的规律尚未揭示，但一般表现为：对一个感受器的微弱刺激能提高其他感受器的感受性，对一个感受器的强烈刺激会降低其他感受器的感受性。例如，微弱的声音刺激可以提高视觉对颜色的感受性，强噪声会降低视觉的差别感受性。生活中，我们能体验到味觉和嗅觉的相互作用。如感冒的人常常味觉不敏感。

不同感觉的相互作用还有一种特殊表现——联觉，指一种感觉兼有另一种感觉的心理现象。例如，切割玻璃的声音会使人产生寒冷的感觉；红、橙、黄色使人产生暖的感觉，绿、青、蓝使人产生冷的感觉。

4.劳动实践对人感受性的影响

人的各种感受性都是在生活实践中发展起来的，具有极大的发展潜力。某些特殊职业要求从业者长期使用某种感觉器官，因而这些从业者相应的感觉比一般人敏锐。例如，有经验的磨工能看出0.0005毫米的空隙，而常人只能看出0.1毫米的空隙；有经验的飞行员能听出发动机每分钟1300转与每分钟1340转的差别，而常人只能听出每分钟1300转与每分钟1400转的差别；音乐家的听觉比常人敏锐；调味师的味觉、嗅觉比常人敏锐。

人的感觉能力可以通过后天的训练而得到发展，因而教师要尽可能有目的、有针对性地开展多种多样的活动，对学生进行各种感官的训练，使他们的感觉能力得以充分发展。

二、知觉的概念

（一）什么是知觉

当我们把感觉到的事物的不同个别属性加以综合时，就产生了对事物的全面的反映，这就是知觉。知觉是人脑对直接作用于感觉器官的事物整体的反映，是对感觉信息的组织和解释过程。

从感觉到知觉是一个连续的过程。在日常生活中，我们很少意识到单一的感觉，因为我们总是要把对事物的各种感觉信息综合起来，并根据自己的经验来解释事物。也就是说，我们通常是以知觉的形式来反映事物。例如，我们看到的红色，不是脱离具体事物的红色，而是红旗的红色，或红花、红衣、红车等的红色；对于听到的声音，我们总是知觉为言语声、流水声或汽车声等有意义的声音。

感觉和知觉通常是同时发生的，因而合称为感知觉。感知觉是认识活动的开端，是一切复杂的心理活动的基础。

（二）知觉的种类

根据不同标准，可以对知觉进行不同的分类。

根据知觉过程中起主导作用的分析器，可以把知觉分为视知觉、听知觉、嗅知觉、味知觉和肤知觉等。

根据知觉对象，可以把知觉分为物体知觉和社会知觉。物体知觉是对物的知觉，主要有空间知觉、时间知觉和运动知觉。社会知觉是对人的知觉，主要包括对他人的知觉、自我知觉和对人际关系的知觉。

（三）知觉的规律

1.知觉的选择性

客观世界是丰富多彩的，在每一时刻里，作用于人的感觉器官的刺激也是非常多的，我们总是把某些事物作为知觉的对象，把其他事物作为知觉的背景。这就是知觉的选择性，知觉的对象能被我们清晰地感知，知觉的背景只是被我们模糊地感知。例如，上课时，当我们注意看黑板上的字时，黑板上的字成为知觉的对象，而黑板、墙壁、老师的讲解、周围同学的翻书声等便成为知觉的背景；当我们注意听教师的讲解时，教师的声音便成为知觉的对象，而周围同学的翻书声、进入视野的一切便成为知觉的背景。知觉的对象和背景之间的关系是相对的，这表现在知觉的对象和背景可以互相转换，如图4-1所示。

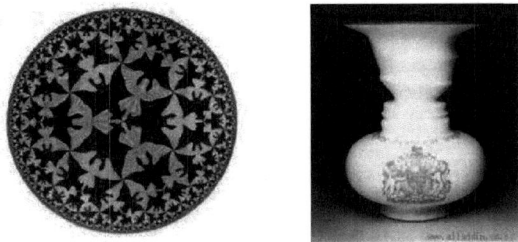

图4-1　知觉的对象和背景的相对关系

2.知觉的整体性

我们总是把客观事物作为整体来感知，即把客观事物的个别特性综合为整体来反映，这就是知觉的整体性。知觉的整体性往往取决于四种因素，即知觉对象的特点、知觉对象各组成部分的强度关系、知觉对象各部分之间的结构关系和知觉者本身的知识经验，其中最主要的是知觉者本身的知识经验。当知觉对象提供的信息不足时，知觉者总是以过去的知识经验来补充当前的知觉。例如，给动物学家一块动物身上的骨头，他就可以塑造出完整的动物形象来。这对于缺乏动物解剖学知识的人来说，是不能办到的。

3.知觉的理解性

在知觉过程中，我们总是根据已有的知识经验来解释当前知觉的对象，并用语言来描述它，使它具有一定的意义，这就是知觉的理解性。如图4-2所示，人们看到这张图时，不会只把它看成一些斑点的随意组合，而是会努力寻找图中斑斑点点之间的联系，努力做出合理解释，不断地提出假设并检验假设，最后会给出合理的解释：画的是一条狗。

图4-2　知觉的理解性

4.知觉的恒常性

在知觉过程中，当知觉的条件（距离、角度、照明等）在一定范围内发生变化时，知觉映象却保持相对不变，这就是知觉的恒常性。

知觉的恒常性依赖于我们的经验，在人的生活实践中具有重要意义。它使人能在不同的情况下，按照事物的本来面貌反映事物，没有它，人很难适应瞬息万变的外界环境，如图4-3。

图4-3　形状恒常性

三、感觉和知觉的关系

（一）感觉和知觉的联系

感觉和知觉是联系非常紧密的两项心理活动。两者都是人脑对当前客观事物的反映，只有当客观事物直接作用于感觉器官，并引起它们的活动时，才有可能产生感觉和知觉。相反，如果客观刺激没有直接作用于感觉器官，或者客观刺激的强度低于或高于感觉器官被唤醒的范围，感觉和知觉都不会产生。

感觉是知觉的基础。当客观事物作用于感觉器官时，人们能感觉到却不一定能知觉到，但知觉到的必然是先感觉到的。由此可见，感觉是知觉的重要组成部分，而知觉是感觉的发展。如果人们对某一客观事物观察得越仔细，获得的与该事物有关的个别属性越丰富，那么人们对该事物的知觉就能越完整、越精确。

（二）感觉和知觉的区别

性质不同。感觉是人脑对客观事物的个别属性的反映，知觉则是对客观事物的不同属性、部分及其相互关系的综合的、整体的反映。

生理机制不完全一致。感觉是介于生理和心理之间的活动，它的产生主要源自客观刺激的物理特性和感觉器官的生理活动，其间必须要有主客观因素的共同作用。知觉则是完全依赖生理机制的心理活动过程，处处表现出人的主观因素的参与。

感觉是单一分析器活动的结果，而知觉是多种分析器协同活动对复杂刺激物及它们之间的关系进行分析综合的结果。由于曾经的知识经验会对个体知觉的形成起重要作用，因此，知觉过程还包括当前的刺激所引起的兴奋和以往相应的知识经验的暂时神经联系的恢复过程。

第二节　学前儿童感知觉的发展

长期以来，一些人一直认为胎儿和新生儿，甚至出生3—4个月后的婴儿是"无能"的。例如，德国生理学家和实验心理学家普莱尔认为"幼儿刚刚生下时都是耳聋的"。他的这种说法对当时的医学界和教育界产生了巨大的影响。现在来看，这种说法也并非毫无道理，因为刚出生后的几个小时内，内耳中的液体并没有流出体外，这妨碍了婴儿听觉能力的准确测量。随着早期教育研究热潮的掀起，加之许多新的研究手段的出现，人们已经发现，胎儿的某些感觉器官在母体中已经开始发挥作用，其大脑随着特定刺激出现了明显的生物电反应。另外，许多感知觉器官在婴儿出生后不久就能达到成熟水平，可见婴儿拥有令人惊奇的感知能力和广阔的反应范围。

一、学前儿童肤觉的发展

肤觉是胎儿最早形成的感觉，它的发展是儿童各种感觉发展的基础，对儿童的心理发展具有重要作用。大约1个月时胎儿的触觉防御系统开始发挥作用，到4个月的时候他们就会通过吮吸自己的大拇指来安慰自己了。研究发现，胎儿在母亲子宫里通过自身的活动感受触觉刺激，刚开始，当胎儿无意间碰到子宫中的一些组织时，会非常胆小地进行回避。但时间稍微久些，他们的手和身体的其他部分建立了联系后，胎儿会主动抓握脐带，也会尝试抚摸自己的脸。

（一）触觉

婴儿从出生时就有触觉反应，许多天生的无条件反射也都有触觉参加，如吸吮反射等。婴儿依靠触觉实现与母亲身体的接触，建立良好的依恋关系。触觉是人体发展最早、最基本的感觉，也是人体分布最广、最复杂的感觉系统。

1.口腔触觉

对物体的触觉探索最早是通过口腔活动进行的。口腔触觉作为探索手段早于手的触觉探索。

2.手的触觉

手的触觉是通过触觉认识外界的主要渠道。婴儿5个月左右，出现真正意义上的手的触觉探索，以抓住东西为标志。出现眼手协调动作，是婴儿出生6个月内认知发展的重要里程碑。

（二）温度觉

新生儿的温度觉比较敏锐，且对冷的刺激更敏感。由于婴幼儿缺乏对温度的认知，所以成人要对其加以保护。

（三）痛觉

新生儿的痛觉感受性是很低的。痛觉是随着年龄增长而发展的，表现在痛觉感受性越来越强，痛阈限越来越低。紧张、恐惧、伤心、焦虑、烦躁等都可以构成痛的情绪成分，影响儿童对痛觉的耐受性。

出生时产道强大的特殊触觉刺激及以后与外界事物和他人的直接接触，对提高婴儿的触觉感受能力具有重要作用。婴儿出生时脐带绕颈、缺氧、难产等都有可能使他们的触觉神经系统受到损伤，这说明了婴儿皮肤表面的触觉感受器对于抚摸、温度和疼痛非常敏感。若此时给予婴儿特定部位恰当的刺激，他们会表现出明显的反射。对外界刺激的敏感，无疑提高了婴儿对环境的适应性。周期性地轻微拍打和抚摸那些不敏感的婴儿或易激动的婴儿，会更有利于他们触觉的发展。

在成长过程中受到限制过多的孩子，有可能会因触觉学习经验不足而出现触觉失调问题。触觉失调主要分为三种类型：触觉防御过当型、触觉迟钝型以及触觉依赖型。

二、学前儿童视觉的发展

视觉出现的时间比肤觉稍晚。视觉是人最重要的感觉渠道，是儿童获得信息的主要渠道，约有80%的信息是通过眼睛这个视觉器官传送给大脑的。对于婴幼儿来说，视觉的作用更为巨大，因为成人有时可以通过听觉获得信息，而婴幼儿很难做到这一点，他们对语言信息的接受和理解常常需要视觉形象作为支柱。学前儿童视觉的发展主要从以下几个方面表现出来：

（一）视觉集中

3—5周大的婴儿：对距离1—1.5米的物体能注视5秒钟。

3个月大的婴儿：对距离4—7米的物体能注视7—10分钟。

5—6个月大的婴儿：能注视天上飞鸟、飞机等远距离客体。

（二）视敏度

1.什么是视敏度

视敏度是指精确地辨别细致物体或具有一定距离的物体的能力，也就是发觉一定对象在体积和形状上最小差异的能力，即通常所说的视力。

2.视敏度发展的年龄特点

（1）新生儿的视敏度。现代科学证明，新生儿能够看见眼前的东西。

在自然条件下，当新生儿在安静清醒的时候，妈妈把他抱成半卧的姿势，让他的脸朝正前方，这时爸爸拿着一个颜色鲜艳的红球，在孩子眼前、脸正中间的位置，慢慢地移动，来逗引孩子。孩子的目光能够慢慢地跟着红球移动。如果红球从中线的位置向孩子脸部的上前方移动，他有时也会轻微地抬起头来，眼睛向上移动，视线追随着红球。

新生儿最佳视距在20厘米左右。相当于母亲抱着孩子喂奶时，两人脸对脸之间的距离。

（2）影响婴幼儿视力的因素。儿童的视力受遗传和环境因素的影响。研究证明：遗传因素与近视有密切关系，从双生子的研究看，同卵双生子近视的一致率比异卵双生子高，可见近视的发病率受遗传影响。因此，近视家长的孩子，应重点预防近视的发生。

儿童弱视。弱视是儿童视觉发育障碍的一种常见病，弱视儿童的视力达不到正常水平，两眼不能同时注视一个目标，无立体感，不能判断自身的空间位置，分不清物体离自己的远近高低，定位不准确，不能完成精细动作。

（三）辨色能力发展

1.婴儿的辨色能力

一般来说，婴儿从4个月开始，对颜色有分化性反应，能辨别彩色和非彩色。通常，婴儿比较喜欢波长较长的暖色，如红色、黄色，特别是红色物体最易引起婴儿的兴奋。

2.幼儿辨色能力的发展

幼儿期，辨色能力的发展主要表现为区别颜色细微差别能力的继续发展。根据幼儿期对颜色的辨别和掌握的颜色的名称来划分，幼儿辨色能力的发展有如下趋势。

幼儿初期：儿童已经能够初步辨认红、黄、绿、蓝等基本色，但在辨认混合色与近似色（如橙色、蓝色与天蓝色）时，往往会出现困难，同时也难以完全正确说出颜色名称。

幼儿中期：已能区分基本色与近似的一些颜色，如黄色与淡棕色，并能够说出基本色的名称。

幼儿晚期：儿童不仅能认识颜色，画图时还能运用各种颜色调出自己所需的颜色，而且能正确说出颜色的名称。

3.色盲

色盲是颜色视觉异常，大体可分为全色盲、全色弱、红绿色盲、红绿色弱等四种。

全色盲，对颜色完全不能辨别，只能分辨物体的形状和明暗，感觉红色黑暗、蓝色明亮。全色盲还有三种特征：（1）视力低下，只及正常人的1/15左右；（2）只有在暗处的机能，没有在明处的机能，白天眼睛睁不大；（3）眼球颤动。

全色弱，也称红绿蓝黄色弱。颜色深而鲜明时，对任何颜色都能辨清；若颜色浅而不饱和，则分不清，视力不减退。

红绿色盲，不能区别红绿色，能区别蓝色和黄色。

红绿色弱，颜色深而鲜明时，也能区别红绿色。视角小或颜色不饱和时，则不能区分。色盲一般是先天性遗传的，男性占5% ~ 8%，女性较少。红绿色盲或红绿色弱者较少，可以用色盲检查表对色盲做测定。

三、学前儿童听觉的发展

人类的听觉系统包括听觉器官、脑干和大脑听觉中枢。外界的声波通过类似于收集器的耳廓传入外耳道，沿着外耳道下行至中耳。在中耳和外耳的交界处有一层被称为鼓膜的薄膜，传入的声波振动鼓膜，带动中耳内附在鼓膜上的听小骨，听小骨连接的另一头是耳蜗的卵圆窗，声波抵达充满液体的内耳耳蜗内，通过液体传送刺激听觉神经，最终形成听觉。

人的听觉发育较早，但成熟较晚。关于儿童何时开始拥有听觉的问题至今尚有争论，但是新生儿拥有良好的听觉能力已被证实。近些年来，随着监测胎儿听觉技术的研究与应用，对人类听觉功能的研究不断向前推进。李富德等人（1999）通过对36例27—39周大的胎儿进行声音刺激测试，结果发现在声音刺激强度为110 dBHL时，有23例胎儿出现反应；有10例分别在第二次和第三次强度增加至120 dBHL时出现反应；在出现反应的33例胎儿中同时出现胎心加速和胎动反应的有23例（占63.90%）。另外，据英国《BBC新闻》2013年1月14日报道，新的研究显示，30周胎儿的听觉及大脑的感应机制趋近成熟，且能倾听母亲讲话。出生后婴儿便能分辨母亲语言和其他语言的差别。研究人员表示，母亲是最能影响胎儿大脑发育的人，对胎儿而言，母亲讲出的单字的元音，声音较响亮，是容易引发胎儿倾听兴趣的学习对象。

幼儿通过听觉辨别周围事物发出的各种声音，辨认周围人们所发出的语音，进而促进言语的发展。

1.听觉感受性

听觉感受性包括听觉的绝对感受性和差别感受性。绝对感受性是指分辨最小声音的能力，差别感受性则指分辨不同声音的最小差别的能力。幼儿的听觉感受性有很大的个别差异，有的高些，有的低些。研究表明，儿童在12岁之前听觉感受性一直在增加，6—8岁期间几乎增加一倍。在幼儿园中，幼儿教师可以利用音乐教学和音乐游戏来促进幼儿听觉感受性的发展。

2.纯音听觉

婴幼儿的听觉灵敏度处于不断的发展中，其水平要在正常成人之下。在8个月大时，幼儿出现对音高差异的感受能力，并随着年龄的增长而不断提高。婴幼儿听觉定位的发展呈U形路线。

3.语音听觉

新生儿在最初的几个月里已经能辨别言语和非言语。3岁以上幼儿的语音辨别能力在性别、年龄方面存在差异。在语音听觉的偏好上，新生儿最愿意听母亲的声音。

4.言语听觉

幼儿对语音的辨别是在言语交际过程中发展和完善起来的。幼儿中期可以辨别语言的细小差别，到幼儿晚期，基本上可以辨别本民族语言包含的各种语音。幼儿园教师应经常对幼儿进行听力方面的检查，及时发现听力有缺陷的幼儿，尤其要注意幼儿的"重听"现象。

所谓"重听"现象是幼儿期幼儿听力的一种特殊现象，即有些幼儿对别人的话听得不清楚、不完整，但他们常常能根据说话者的面部表情、嘴唇动作及当时说话的情境，猜到说话的内容。这种现象只发生在个别幼儿身上。

四、学前儿童知觉的发展

（一）颜色知觉的发展

泰勒等人（1978）通过研究发现，2个月大的婴儿虽然还不具备完善的对三原色（红、黄、蓝）的分辨能力，但是他们绝大部分已能把红、橙、黄、绿、蓝从白色中区分出来。海斯（1980）指出，一般来说，4个月大的婴儿能够在光谱上辨认各种颜色，这说明此时婴儿的颜色视觉能力已接近成人水平。

在一般情况下，儿童观察到的事物同时具有颜色和形状两维特征，那么儿童是先感知颜色还是先感知形状，又或是两者同时进行？我国心理学家陈立曾经做过一项研究，用以解答上述疑惑。研究者将4种基本色（红、蓝、黄、绿）和4种常见几何图形（圆、正方形、长方形、三角形）分别结合为16个图形，作为2.5—7岁儿童选择的对象。结果发现，儿童的色形感知发展有三个阶段：3岁以前形状感知占优势；4岁时颜色感知占优势；6岁后是统一感知占优势。这一结论与西方的相关研究结果基本吻合，表明儿童的色形感知能力受到生理成熟的影响，具有共同的年龄特征，但依旧存在个体差异，会受到个体经验的影响。

（二）形状知觉的发展

形状知觉指的是对物体的形状进行辨别的能力。许多心理学家使用视觉偏爱法，发现婴儿对形状的偏爱程度具有以下特征：曲线>直线；彩色>单色；立体>平面；复杂花样的东西>单一花样的东西；动态的东西>静止的东西；脸形的东西>不是脸形的东西；新奇的事物>常见的事物。

幼儿的形状知觉能力发展很快，一般在小班时就能辨别圆形、三角形和方形；中班时可以把三个小三角形组合成一个大三角形，把两个半圆拼成一个圆形；到大班则能认识椭圆形、六角形、菱形和圆柱形等，并能将长方形纸片折成正方形，把正方形纸片折成三角形。有的研究要求幼儿从12种几何图形中按直观范例、指认法、命名法找到对应的图形，结果发现，形状的配对最容易，命名最难。幼儿掌握形状的次序由易到难依次为：圆形—正方形—三角形—长方形—半圆形—梯形—菱形—平行四边形。有研究者认为，4岁是图形知觉的敏感期，应该趁此时机教幼儿学习汉字，因为汉字是一种有规则的特殊的图形。

（三）大小知觉的发展

出生6周左右的婴儿已具有物体大小知觉的恒常性。大小恒常性指客体的映像在视网膜上的大小变化并不导致对客体本身大小知觉的变化。例如，一个人由近及远离去，在视网膜上的成像越来越小，但观察者并不会觉得被观察的个体的身高发生了变化。估计物体大小的能力则随年龄而增长。有研究发现，2—11岁的儿童很少会过低地估计远离他们的物体的大小。而成人往往会倾向于过高地估计远处物体的大小，可能他们知道距离会歪曲物体大小，由此做了过度补偿，做出的判断要大于物体本身实际的大小。

（四）深度知觉的发展

深度知觉又被称为立体知觉或距离知觉，它是对立体物体或两个物体前后相对距离的知觉。儿童的深度知觉是与生俱来的还是后天习得的，一直是一个有争议的问题。

拓展阅读："视崖"实验①

吉布森和瓦尔克在20世纪60年代初精心设计了"视崖"实验，如图4-4所示。

---

① 成丹丹.学前心理学[M].北京:清华大学出版社,2016:63.

图4-4 "视崖"实验

有一块大的玻璃平台，支撑幼儿在上面爬行。整块玻璃从上面看被中央板分成两个区域，一侧玻璃铺有一块格子形状的图案布，因它和中央板高度差异不大，所以看起来像个"浅滩"，另一侧离玻璃几尺深的地面上也用了同样格子形的图案布，给幼儿造成一种错觉——似乎这一侧是"悬崖"。然后把6.5—14个月的婴儿放在中央板上，让母亲分别在两侧招呼孩子来自己身边，然后观察幼儿的反应。实验结果表明：36名被试中有27名愿意从中央板爬过"浅滩"来到母亲身边，只有3名幼儿爬过悬崖，大多数婴儿见到母亲在"悬崖"边招呼时，不是朝母亲方向而是朝相反方向爬，还有一些婴儿哭叫起来。这个实验表明，婴儿很早就有了深度知觉，但还不能由此断定深度知觉的先天或后天论，因为它很可能是在婴儿出生后6个月内学会的。

另外一种测定婴儿深度知觉的方法是视觉刺激逼近法。怀特等人（White，1971；Yonas，Bechtold，1971；Bower，1970）向婴儿呈现一个以固定速度逐渐逼近的物体或影像，来观察婴儿反应。结果发现，2—3个月的婴儿有保护性闭眼反应，4—6个月的婴儿有躲避反应。

（五）时间知觉的发展

时间是物质存在的一种形式，虽然每个人都生活在一定的时空之中，但由于时间没有直观的形象，人们也没有专门感知时间的分析器，因此，人们对它的掌握相较于空间会困难许多。学前儿童对时间的感知需要借助直接反映时间流程的媒介物，如自然界规律的变化（日升日落、月圆月缺、季节轮回等）、人的生理变化，还有专门用来记录时间的工具（如漏斗、钟表等）。

皮亚杰曾对儿童的时间知觉进行实验研究：给4.5—8.5岁的儿童看桌子上放着的两个机械蜗牛，同时启动它们。其中一个爬得快，一个爬得慢。当快的蜗牛已经停下的时候，慢的蜗牛还在继续爬，但最终也未能追上快的蜗牛。研究者让被试再次呈现哪个蜗牛先停下，大部分幼儿都说慢的蜗牛先停止，因为它走的路程比较短。实验结果表明：4.5—5岁的儿童还不能很好地区分时间和空间的关系；5—6.5岁的儿童开始区分时间次序和空间次序，但不够准确；7—8.5岁的儿童能把时间和空间关系区别开来。

第三节　学前儿童观察力的培养

一、3—6岁学前儿童观察力的发展

观察是一种有目的、有计划、比较持久的知觉过程，是知觉的高级形态，是人从现实中获得感性认识的主动积极的活动形式。观察力的发展意味着学前儿童知觉的发展进入了一个较完善的阶段。知觉发展的这种重大质变，3岁以后比较明显。幼儿期知觉的最重要变化，是知觉逐渐发展为独立的、有相对稳定的目的和方向的过程，也就是开始形成有意的、自觉意识到的观察。

3—6岁儿童观察力的发展，表现在观察的目的性、持续性、概括性以及观察方法的不断完善上。

（一）观察的目的性

3—6岁时期，儿童观察的目的性逐渐加强。在姚平子（1984）等的研究中，幼儿观察的目的性和有意性可以分为三级水平。一级，能根据观察任务有目的地克服困难和干扰，坚持细致观察；二级，能根据任务有目的地观察，但遇到困难或干扰时不能克服，不愿坚持；三级，不能接受任务，东张西望，或只看一处，或任意乱指。研究表明，幼儿期观察目的性的水平随年龄增长有所提高。3岁儿童没有人能达到一级水平，4岁也只有2%，5岁有22%，6岁有24%。

学者阿格诺索娃（H.E. AreHocoBa）的实验具体说明了3—6岁儿童观察的目的性随年龄的增长而提高。实验者给儿童看孩子溜冰的图片。冰面上有一只手套，要求被试儿童找出丢手套的人。儿童必须认真观察图片上的每个孩子，以寻找失主。实验结果表明，能接受任务并正确完成任务的儿童的数量随年龄增长而增加。小班儿童大部分根本不能接受任务，即使接受了任务，在观察时也很容易忘记目的和任务，而去看一些无关的细节。从中班开始，儿童观察的目的性有所提高。

（二）观察的持续性

幼儿初期，观察持续的时间很短。在教育的影响下，儿童逐渐学会持续地观察某一事物。上述阿格诺索娃的实验指出，各年龄儿童观察图画的平均持续时间随年龄增长而延长。3—4岁儿童的观察时间平均为6分8秒，5岁为7分6秒，6岁为12分3秒，也就是说，从6岁开始，儿童观察的持续时间显著增加。

朱延麟（1980）等的实验证明，幼儿观察的持续性和目的性的发展密切相关。该实验让幼儿观察两张乍一看完全相同的图片，告诉其中一组被试，两图有5处不同，要求他们找出来；对另一组被试则只要求找出图片有哪些异同。结果前一组由于目的性较明确，观察效果也较好。

（三）观察的概括性

观察的概括性意味着发现事物的内在联系。它在幼儿初期还没有很好地发展。小班儿童的知觉仍然是孤立的、零碎的，常常不能把所观察到的事物有机地联系起来。例如，让儿童观察两幅图画，一幅图是小孩打狗，另一幅图是狗咬破了小孩的衣服。小班儿童常常不能说出这两幅图画之间的关系，大班也只有50%的儿童能做出正确回答。让儿童观察4张《猫和老鼠》的连环画图片，要求他们说出观察内容，大班儿童也只有30%能够顺利完成任务。

丁祖荫（1964）的研究也说明，儿童对图画的认识逐渐概括化。他提出，对图画认识的发展可分为四个阶段：

（1）认识"个别对象"阶段。儿童只看到图画中各个对象或各个对象的片面，看不到对象之间的相互联系。

（2）认识"空间联系"阶段。儿童看到各个对象之间的空间联系，依靠各个对象之间可以直接感知到的空间关系认识图画内容。

（3）认识"因果关系"阶段。儿童认识各个对象之间的因果联系，依据各个对象之间不能直接感知到的因果联系理解图画内容。

（4）认识"对象总体"阶段。儿童从意义上完整地认识整幅图画的内容，依靠图画中所有事物的全部联系，完整地把握对象总体，理解图画主题。

该研究指出，幼儿对图画的观察主要处于"个别对象"和"空间联系"阶段。实际上，"因果关系"和"对象总体"阶段已经是从感知过渡到思维的过程。

（四）观察方法的掌握

观察方法的掌握，是幼儿期知觉发展的又一重要表现。

幼儿的观察最初是依赖外部动作进行的，以后逐渐内化为以视觉为主的知觉活动。3—4岁幼儿常常边看边指。例如，要求幼儿在一幅图画上找出某一物体时，他总是用手指点着每一个形象，直到找到所要的物体。也就是说，视知觉要依靠手的动作的指导。较大的幼儿有时用语言来协助，以确定和巩固知觉的结果，如自言自语地说"对，就是这个"或"不是它，要粉（红）的，不要红的"。到了幼儿晚期，观察可以成为专门的内部调节的动作，他们已能借助内部言语来控制和调节自己的知觉。

幼儿期，观察方法正在形成中，特别需要成人的指导。朱延麟（1980）的实验说明，幼儿的观察力是在教师的培养下发展起来的。培养方法不同，效果也不同。如果指导方法不当，反而阻碍幼儿观察力的发展。在朱延麟的实验中，对一组被试既明确观察任务，又指导观察方法，先让幼儿认清图片中的每个对象，再对两张图片进行比较，即学习对观察对象进行分析综合，在认识每个个别对象的基础上进行整体观察，在整体观察中比较出个别对象的不同之处。结果这一组成绩最好。对另一组被试，则将两张图片同时从左到右呈现，使幼儿不能在多次的分析综合中比较对象的不同之处，即实验指导方法不当。结果限制了幼儿的观察力，该组成绩还不及完全不加指导的一组。

陈华美、杨期正（1962）关于幼儿观察的年龄特征的研究，也证实了上述幼儿观察发展的规律，并且提出了一些教学上的建议。例如，明确观察任务，选择符合年龄特点和知识水平的材料，教会幼儿把握住预定的观察目的，培养幼儿观察的随意性、组织性和顺序性等。

丁祖荫（1964）对儿童观察图画的发展的研究，也指出观察指导的重要性。成人指导语的性质，往往影响儿童观察图画的水平。例如，"有些什么"的指导语，容易引导儿童观察个别事物，而"在做什么"和"画的是什么"的指导语，可使儿童倾向于从整体观察图画。

二、学前儿童观察力培养策略

观察力的培养和发展，对幼儿掌握知识、发展心理、认识世界具有重要的作用。但是由于幼儿观察能力不强，观察不认真、不细致，结果对事物的认识往往是笼统的、粗略的，对事物的印象也只能是表面、片面、孤立零碎、星星点点的。因此，在发展和培养幼儿的观察力时要注意以下几点：

（一）让幼儿明确观察的目的和任务

幼儿常常不能进行自觉的、有意识的观察，他们的观察或事先无目的，或在观察中忘记，很容易受外界刺激和个人情绪、兴趣的影响。因此，给幼儿提出的观察目的和任务一定要明确。

朱延麟等的实验：请两组幼儿观察两张初看完全相同的图片，对其中一组幼儿在观察前讲明这两张图片有 5 处不同，而对另一组幼儿只笼统地要求他们找出图片的不同之处，而不告诉他们共有几处不同。结果前一组儿童平均找出 4.5 个不同，后一组儿童只找出 3.7 个不同。由此看出，观察目的、任务的明确程度，会直接影响观察的效果，目的、任务越明确，观察效果越好。

（二）在观察中培养幼儿的概括性

幼儿在观察时，往往不能把事物的各个方面联系起来综合考察，因而也不能发现各事物或事物组成部分之间的相互联系。例如，幼儿在观察一幅图画时，只能说出画面上的个别事物或个别人的动作，而不能说出这幅画的主题思想。因此，要求幼儿给一幅画取一个合适的名称是很困难的。又如，给幼儿看两幅图画，其中一幅画面是小孩玩球，另一幅画面是球把玻璃打碎了，小班幼儿也往往说不出这两幅图画之间的因果关系。中班幼儿观察的概括性稍有提高，但也只有部分幼儿能给出比较令人满意的回答。到大班时，才有多数幼儿能给出正确回答。

在观察中培养幼儿的概括性。首先，要引导幼儿多观察自然。大自然是幼儿最好的老师，各种各样的自然现象既为幼儿提供了丰富的感性知识，也有助于促进幼儿观察概括能力的发展。例如，观察风雨雷电的现象，去动物园观察各种动物的特征，到公园观察花草树木，到田野观察农作物和蔬菜的生长情况等。其次，要引导幼儿多动手实验。比如，组织幼儿种植植物，从种植到浇水、施肥等都让幼儿自己动手，实际了解植物生长与阳光、水分之间的关系，这无疑比单纯用语言讲解的效果要好得多。这样不仅可以增强幼儿观察的兴趣，更主要的是能够帮助幼儿发现事物之间的内在联系，从而使幼儿概括事物主要特征的能力不断地得到锻炼和提高。

（三）让幼儿掌握正确的观察方法

由于受经验和认识能力的限制，幼儿在观察客观事物时往往抓不住要点，缺乏一定的顺序性，因此，教师应教给幼儿正确的观察方法，让幼儿按一定的顺序进行观察，学会从上到下、从左到右、从远至近（或由近及远）、由外到里、由整体到局部有顺序地观察。例如，认识动物时，从头、颈、身体、四肢、尾一部分一部分地观察；认识水果时，一般由表及里地去观察。另外，还可以教幼儿根据事物的主要特征进行比较观察。例如，教幼儿认识苹果和梨子时，可以让幼儿把两者放在一起对比，看看它们的外形、表皮及果肉、果核有什么相同和不同的地方。通过对照、比较，对苹果和梨子的分辨就更清楚、更明确了。

在进行观察活动时，要启发幼儿运用多种感觉器官参与活动。客观事物的特征是多方面的，如色、香、味、软硬、光滑粗糙、大小、冷热、形状、声音等。在幼儿观察时，要帮助他们充分运用视觉、听觉、味觉、触觉、嗅觉等去感知事物各方面的特征，让幼儿多看、多想、多听、多讲、多摸一摸、多闻一闻，以加深幼儿对事物的印象。多渠道的活动不仅有利于帮助幼儿形成对物体的立体知觉和印象，同时也有利于提高大脑皮质分析综合活动的活力。如认识水时，可以让幼儿看一看、闻一闻、尝一尝、倒一倒。幼儿运用了多种感官感知，就能知道水是透明的，是无色、无味、可以流动的液体等。再如，观察兔子，不但可用视、听感官进行感知，也可以让幼儿用手摸一摸兔子的皮毛以体验毛茸茸的感觉，还可以让幼儿学一学兔子是怎么跳的，从而帮助幼儿形成有关兔子的完整印象。调动幼儿多种感官参与观察活动的教育方法，不仅能让幼儿学得积极、生动、愉快，还可以培养和训练幼儿各种感官的敏捷性。

反 思 探 究

（1）学前儿童感觉的发展有怎样的特点与规律？

（2）春天来了，幼儿园组织幼儿观察花的颜色，教师应如何根据幼儿颜色视觉的发展特点分别给小、中、大班的幼儿提出不同的任务？

（3）幼儿园小班的一位教师，教小朋友认识公鸡时，出示了一幅长25厘米、宽20厘米的画，画上有一只金黄色的公鸡，公鸡的周围是一片黄灿灿的稻田。课一开始，教师就让小朋友们自己看，然后就开始讲公鸡的外形特征、习性等，一直讲到下课。请用感知觉的有关知识，分析这位教师的不妥之处。

第五章　学前儿童记忆的发展

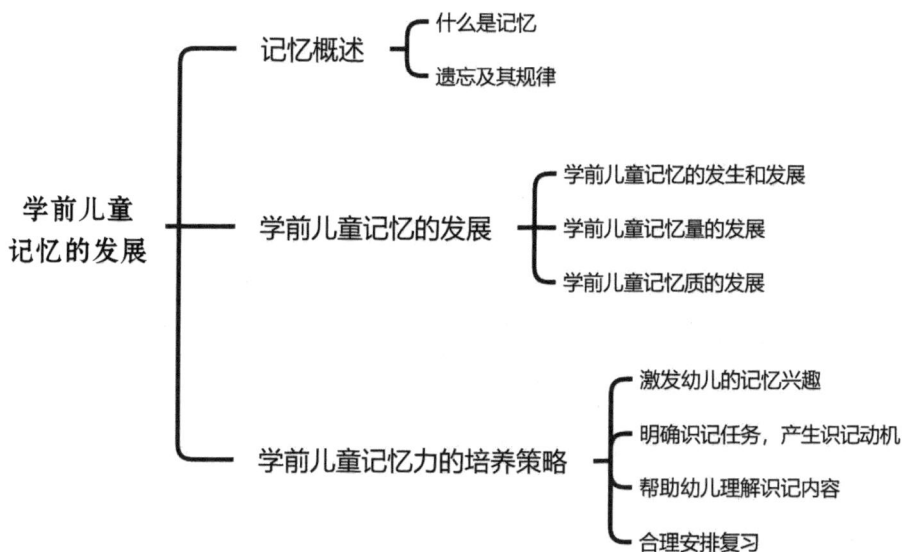

（1）尊重事物发展规律，积极探索规律，充分利用规律为人类造福；

（2）理解记忆的分类、记忆的过程、记忆的品质；

（3）理解和掌握遗忘及其规律；

（4）理解和掌握学前儿童记忆发展的一般趋势和特点；

（5）学会运用具体的措施促进学前儿童记忆的发展。

案 例 导 入

周四晨间活动时，小玉兴奋地对老师说："老师，明天我不来幼儿园了，妈妈要带我去儿童公园玩。"不仅如此，小玉一天都开心地和小朋友说明天去公园玩。放学时奶奶来接小玉，冯老师向小玉奶奶询问明天去公园玩的事情，奶奶有些意外地看着小玉，便纠正道："妈妈说的是周末，不是明天哦，明天我们还要上幼儿园呢。"

第一节　记忆概述

记忆是人脑保持信息和提取信息的过程。在日常生活中，想起昨天发生的事情，辨认出曾经见过的东西，回忆起之前学过的知识……我们不难发现，有的人记忆力惊人，而有的人记忆力却很糟。有时我们想不起某人姓甚名谁或考试时回答不出曾经学过的知识等，这些都是日常生活中的记忆现象，也是心理学重要的研究课题。

一、什么是记忆

（一）记忆的概念

记忆是人脑对过去感知或经历过的事物的反映，是对经验的识记、保持和回忆的过程，也可以说是对输入信息的编码、存储和提取的过程。如去过游乐场好多天之后，儿童仍兴致勃勃地讨论着碰碰车、海盗船等，这是儿童记忆的表现。记忆是人生存和发展的必要条件，人们正是依靠记忆才逐渐掌握知识、积累经验，也正是在记忆所保存的知识经验的基础上，才能进行思维和想象活动，形成认识世界、改造世界的能力，形成个人稳定的兴趣爱好、理想情操及性格特征。

（二）记忆在儿童心理发展中具有重要地位

记忆在儿童心理发展中有着重要地位。具体来说，记忆对学前儿童的知觉、想象、思维、语言、情感和意志品质的发展都有重要作用。

1.记忆与儿童知觉的发展

记忆是在知觉的基础上形成的，知觉的发展也离不开记忆，知觉的恒常性和记忆有密切关系。例如，经常用奶瓶喝奶或喝水的婴儿仅看到奶瓶的一个侧面就会做出吃奶的反应，听到母亲的声音就会开心，这是因为婴儿对奶瓶和母亲声音的知觉已经和经验发生了联系，这个过程靠记忆来完成。幼儿往往在很远的地方就会伸手要妈妈抱，这是因为幼儿的空间知觉发展不足，而空间知觉的发展与幼儿对空间距离的知觉经验有关，掌握这种经验也需要记忆的发展。

皮亚杰提出的"客体永存性"不仅反映婴儿知觉、注意的发展，也反映其记忆的发展。例如，3个月大的婴儿的注视中包含了记忆活动，他们在注视一个移动物体时，如果物体被移到挡板后面，他们会把视线移到挡板的另一端，等待物体出现，而2个月大的婴儿在物体移到挡板后面后就不再继续注视。在日常生活中，6个月以后的婴儿会和成人玩"躲猫猫"游戏，当大人在门后一会儿出现，一会儿躲藏时，他们会高兴地看着门边，等着大人出现。

2.记忆与儿童想象、思维的发展

儿童的想象和思维过程都要依靠记忆，记忆把知觉和想象、思维联结起来，使儿童能够把知觉到的材料进行想象和思考。儿童最原始的想象和记忆不容易区分，2岁左右儿童的想象基本上是记忆的简单加工。

3.记忆与儿童语言的发展

儿童对语言的学习和掌握也要依靠记忆。儿童必须先记住语词所代表的意思，才能理解语词。在听他人讲话时，要暂时记住一句话的前半部分，才能与该句的后半部分联系起来理解。自己说话时，也要把自己说过的词或句暂时记住，才能做到说话逻辑清晰、前后连贯。儿童的言语与记忆联系不足，所以有时会说了后面忘了前面。

4.记忆与儿童情感、意志的发展

儿童情感和意志的发展也受记忆的影响。由于记忆的作用，儿童积累起所经历事情的情感体验，从而丰富自己的情感，以后再遇到相似的事情时会体验到同样的情感。婴幼儿只表现出一些原始恐惧，而较大的儿童会表现出与经验有关的恐惧。例如，曾经被狗追过的儿童再见到狗会害怕得大哭。这种对狗的恐惧心理的出现，说明了记忆的作用。

意志指决定达到某种目标而产生的心理状态，常以语言或行动表现出来。个体在行动过程中必须始终记住行动目标，幼儿和失去记忆能力的病人在行动过程中常常忘记了原先激起行动的动机和目的，因而不能坚持完成任务。

二、遗忘及其规律

教师要正视幼儿记忆保持的特点和遗忘规律，特别是要研究和运用记忆恢复规律，通过各种手段排除影响记忆保持的因素，减少遗忘，提高幼儿的记忆水平，使他们掌握更科学的记忆方法。

（一）遗忘的概念

遗忘指对识记过的材料不能再认和再现，或者错误地再认和再现的现象。遗忘产生的原因是识记时形成的神经联系的痕迹因不能继续巩固而逐渐减弱。如教授幼儿与生活联系密切的词汇，在生活实践中可以不断得到强化，神经联系的痕迹得到加深，幼儿就不易遗忘，否则就容易遗忘。

（二）遗忘规律

德国心理学家艾宾浩斯（Ebbinghaus）受费希纳《心理物理学纲要》的启发，采用自然科学的方法对记忆进行了实验研究，结果如表5-1所示。

表5-1　遗忘的进程

顺序	时距/小时	保持的百分比	遗忘的百分比
1	0.33	58.2%	41.8%
2	1	44.2%	55.8%
3	8.8	35.8%	64.2%
4	24	33.7%	66.3%
5	48	27.8%	77.2%
6	144	25.4%	74.6%
7	744	21.1%	78.9%

从表中能看到，遗忘的进程是不均衡的，有先快后慢的特点。例如，在学习20分钟（0.33小时）之后遗忘量就达到41.8%，而在31天（744小时）之后，遗忘量为78.9%。他还将实验的结果绘制成曲线，这就是著名的艾宾浩斯遗忘曲线（见图5-1）。他是用节省法记忆无意义材料，然后把实验结果绘制成曲线，后来人们又用各种方法对诗、抽象词等有意义的材料分别通过不同年龄的人进行测试，得到的曲线有所不同，但总的遗忘趋势还是先快后慢，由此证明了艾宾浩斯揭示的遗忘规律具有普遍意义。这条规律给我们两点启示，一要及时复习。刚学过的材料应赶在遗忘开始之前进行复习，这样记忆的保持效果较好。其次要重复学习。"重复是学习之母"，无论是识记、保持、长时记忆都离不开复习和巩固。拳不离手、曲不离口是避免遗忘、技艺生疏的唯一方法，但也不是重复得越多越好。

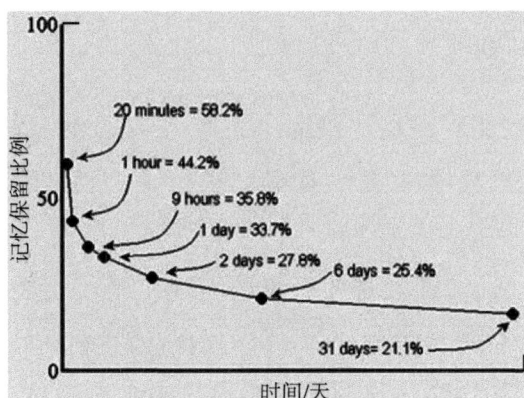

图5-1 艾宾浩斯遗忘曲线

心理学界对遗忘现象进行了大量的研究，发现了以下影响遗忘进程的因素：

1.遗忘与干扰的关系

遗忘主要是由于先后学习的内容相互干扰而产生的。先后两种学习的时间间隔越短，干扰就越大。先后两种学习具有中等程度的相似性时，干扰最大；先后两种学习具有高相似或不相似时，则干扰较小。

2.遗忘与记忆材料的性质和长度的关系

从记忆材料的性质上说，抽象的材料比形象的材料更容易遗忘；无意义的材料比有意义的材料更容易遗忘。从记忆材料的长度来说，记忆材料长度越长，就越容易遗忘。

动作遗忘得最慢，形象材料次之。言语材料忘得较快，无意义的或不理解的材料遗忘最快。

动作记忆又称为运动记忆。运动是熟练而准确的动作，工人的劳动操作，人们日常生活中习惯化了的动作，都是靠这种记忆掌握的。运动记忆保持的时间最长，也就是说它遗忘最慢。一个人学会了游泳，即使三年五载不游，一旦下水就能熟练自如地游起来。无意义的或不理解的材料往往遗忘得最快，因为它既不能被同化也不能被解体，所以在记忆这些材料时就有必要采用一些方法或策略来帮助记忆。某地一所学校的一位老师要求学生背诵圆周率到小数点后第22位：3.1415926535897932384626……学生都因背不出来而苦恼。其中有位聪明的学生动了一番脑筋后，利用谐音法把它编成了几句顺口溜，记住了这个数字。即"山巅一寺一壶酒（3.14159），尔乐苦煞吾（26535），把酒吃，酒杀尔（897932），杀不死，乐尔乐（384626）……"。再比如说让你记忆"桌子、电灯、烟灰缸、青蛙"这几个词，就可以编成故事："桌子上的青蛙在电灯和烟灰缸之间跳来跳去。"

3.遗忘与个体的心理状态的关系

孔子说："知之者不如好之者，好之者不如乐之者。"能满足个体需要或对个体有重要意义的材料容易保持，不能满足个体需要或对个体没有意义的材料容易遗忘；能引起个体愉快的情绪体验的材料容易保持，能引起个体不愉快的情绪体验的材料容易遗忘。

4.遗忘与个体的学习程度和学习方式的关系

从学习程度方面来说，学习重复的次数越多，就越不容易遗忘。当学习重复的次数达到能刚好完全背诵的150%时，对阻止遗忘的效果最好。超150%的重复，其阻止遗忘的效果便不再增长。从学习方式来说，反复阅读与试图回忆相结合比单纯地反复阅读记忆保持效果好。这是因为，反复阅读与试图回忆相结合能集中注意力，同时，能根据不同部分材料的记忆效果分配时间，充分利用时间。

5.遗忘与材料的序列位置的关系

一般来说，材料的首尾容易记住，而中间部分容易遗忘，这种现象叫序列位置效应。许多研究表明，记忆效果最差的不在正中，而在中间稍偏右。波斯特曼（L.Postman）实验表明，在有意义的单词中，序列位置的影响不及无意义单词的影响大，但一般中间项目遗忘的次数相当于两端的3倍。

第二节　学前儿童记忆的发展

一、学前儿童记忆的发生和发展

有研究发现，把母亲的心跳声录下来，放大后播放给刚出生不久的大哭的婴儿听，婴儿就会停止哭闹。这是因为婴儿感到自己又回到了熟悉的子宫环境里，该研究说明胎儿已经有了听觉记忆。其他有关七八个月大胎儿的音乐听觉的研究也得出类似结论，即听觉记忆在胎儿末期就已出现。出生一周的新生儿能够辨别母亲的声音和气味，当他被抱成喂奶姿势时，就会做出吃奶的反应，这种对喂奶姿势的再认是第一个自然条件反射出现的标志。另外，习惯化——去习惯化也是新生儿记忆的最初表现。习惯化是指新生儿对刺激物的注意时间随着刺激物出现频率的增加而减少甚至消失的现象，去习惯化是指新生儿在新异刺激出现后更加注意新异刺激或注视时间加长的现象。记忆是习惯化——去习惯化程序的内在成分之一。一个婴儿只有能够存储关于某一刺激的信息，并在刺激再次出现时再认出它是熟悉的，他才可能对该刺激产生习惯化。同样，只有婴儿记住了原来的刺激，并认识到新旧刺激的差异，他才可能表现出对某一新刺激的去习惯化。

1—3个月是长时记忆开始发生的时期，3个月大的婴儿的记忆具有一定的目的性，他们能够积极寻找，努力探索，辨认人与事物，此时他们的长时记忆能保持4小时。5个月大的婴儿有24小时的记忆，5—6个月大的婴儿已有48小时的记忆。明显的再认出现在6个月左右，此时婴儿对社会性刺激和社会性交往的记忆迅速发展，婴儿的"认生"越来越明显，即只亲近妈妈及经常接触的人，陌生人走近会使孩子感到惊慌不安，甚至哭起来。皮亚杰指出，这个阶段的婴儿出现寻找物体的活动，其中包含明显的记忆成分。这时期开始出现大量模仿动作，模仿也包含着记忆。

随后，记忆的范围逐渐扩大到能够再认周围的一些人和事物。8个月大的婴儿的记忆已接近成人的记忆状况，开始出现工作记忆，能够把新信息和过去的知识经验进行联系和比较，记忆更加抽象，具有符号性。学前儿童的记忆仍然主要是无意识记，但记忆保持的时间逐渐延长，1岁时能保持几天或十几天。

1岁的儿童，开始出现比较明显的再现，即当某事物不在眼前时，可由其他相关事物或言语回忆起该事物。如当幼儿看到别的小朋友哭闹着要妈妈时，他也会想起自己的妈妈而跟着哭起来。1.5—2岁的幼儿开始出现延迟模仿，即在延迟一定时间后对先前观察学习的经验的模仿，这种延迟模仿和表象的发生发展有关。他们也开始用行动表现出初步的回忆能力，如他们喜欢做捉迷藏、找东西的游戏，此时幼儿的记忆可以保持几个星期。

幼儿3岁时有意识记开始萌芽，有意识记指有预定目的并运用一定方法而进行的识记。幼儿可以根据成人布置的一些最简单的任务（如"帮妈妈把餐巾纸拿来"）进行记忆，此时幼儿记忆保持时间已能达到几个月甚至半年多。

3岁前幼儿的记忆富有情绪色彩，特别容易记住那些引起他们情绪反应的事物或情景，如去游乐场玩得很开心，他能记很长时间。但是他们的记忆一般带有很大的随意性，凡是感兴趣的、印象鲜明的事物就容易记住，但保持时间较短，甚至会出现记忆缺失。记忆缺失也称为"婴儿期健忘"，指个体成年以后无法想起婴儿期的经历，甚至是幼儿园早期的事情，婴儿自传体记忆（个人复杂生活事件的混合记忆）的出现标志着婴儿期记忆缺失的结束。3—6岁儿童的记忆水平有显著提高，由于神经系统的逐步成熟，口头言语的迅速发展和生活经验的不断丰富，记忆能力在质和量上都有了发展。

二、学前儿童记忆量的发展

记忆量的发展主要从记忆范围、记忆广度和记忆保持时间等方面去衡量。

（一）记忆范围不断扩大

记忆范围指幼儿记忆材料种类增多，记忆内容日益丰富。幼儿前期由于接触事物的数量和内容均有限，因此其记忆范围十分狭窄。随着幼儿活动能力的增强、活动方式的日益复杂化和社会交往范围的扩大，记忆范围也迅速扩大，从动作扩大到情感，然后又扩大到形象和词语。儿童掌握语言后，记忆范围就更加广阔，从家庭扩展到教育机构、社会，从日常生活扩展到文化、科学、经济等各个领域。因为幼儿对识记目的的理解、对识记材料的兴趣和理解不同，他们的记忆范围也有很大差异。

（二）记忆广度不断扩大

记忆广度指幼儿在单位时间内所记住材料的最大数量。短时记忆的容量是7±2个组块，组块是基于相似性等原则将项目组织成更大的模块的过程。"块"是有意义的信息单元，它可以是字母、单词、句子、成语、图示甚至更大的单位。由于受儿童大脑皮质不成熟这一生理发育的局限，儿童在极短的时间内来不及加工更多的信息量，因而不能达到成人的记忆广度。但随年龄的增长，学前儿童信息加工能力的增强和知识经验的积累，每一个信息单位包含的内容越来越多，记忆的容量会逐渐增加，记忆广度也不断扩大。

（三）记忆保持时间不断延长

儿童最开始出现的是短时记忆，只能保持30秒。3岁前儿童的记忆一般不能永久保持，三四岁后出现可以保持终生的记忆。记忆的潜伏期是指从识记到能够再认或回忆之间的时间。儿童长时记忆保持的时间逐渐延长，称为记忆潜伏期的延长。随着年龄增长，幼儿记忆策略不断发展，保持时间也不断延长。一般来说，在再认方面，2岁儿童能再认几个星期以前感知过的事物，3岁儿童能再认几个月以前感知过的事物，4岁儿童能再认一年以前感知过的事物，7岁儿童能再认3年以前感知过的事物。在记忆的再现方面，2岁儿童能再现几天以前的事，3岁儿童能再现几个星期以前的事，4岁儿童能再现几个月以前的事。一般来说，儿童期有条理的记忆，是从4—5岁开始的。五六岁时，对个别事物的记忆甚至能够保持终生。

三、学前儿童记忆质的发展

记忆质的发展是指记忆态度、记忆内容、记忆方法和记忆精确性等方面的发展。

（一）记忆态度的发展：无意记忆占优势，有意记忆逐渐发展

根据记忆有无目的和是否运用一定的方法，可以把记忆分为有意记忆和无意记忆。有明确的记忆目的和意图，必要时需意志努力的记忆活动称为有意记忆；反之，则为无意记忆。幼儿的无意记忆占优势，有意记忆逐渐发展。这两种记忆效果都随着年龄的增长而提高。

3岁前幼儿基本上只有无意记忆，幼儿所获得的知识经验，大多数是在日常生活和游戏等活动中自然而然地记住的。这时期的幼儿难以服从一定的识记目的，一般记住的是直观鲜明且能激起幼儿兴趣及情绪的事物。如电视里播放的动画片，由于色彩鲜艳、形象生动，又能引起幼儿的情感共鸣，所以绝大多数幼儿都非常喜欢观看，也很容易记住其中的情节。幼儿的无意记忆是幼儿在完成感知和思维任务的认知过程中附带产生的结果，认知活动越积极，无意记忆效果越好。随着年龄增长，幼儿的记忆加工能力提高，无意记忆随之提高。

幼儿有意记忆一般发生在幼儿中期，四五岁的时候才可观察到。有意记忆的发展是幼儿记忆中最重要的质的飞跃，其积极性和效果依赖于对记忆任务的意识和活动动机。有意记忆的形成和发展与幼儿言语调节机能、成人的教育均有密切关系。有意记忆最初是被动的，儿童可以按照成人的言语指示支配自己的行动和心理活动，继而学会用自己的言语调节行动，自行确定记忆目标，主动进行记忆。幼儿后期，有意记忆的能力逐步发展，他们不仅能努力识记和回忆所需材料，还能运用一些简单的记忆方法，如自言自语、自我重复来加强记忆。例如，幼儿接受老师的指示后喃喃自语，重复与任务有关的内容，也可以用意义联系的办法来记住某些事物（如把"3"比作耳朵）。

拓展阅读：无意识记和有意识记的发展[①]

心理学家陈千科（1954年）在实验桌上画了一些假设的厨房、花园等，要求儿童用图片在桌上做游戏，把图片放在实验桌相应的位置上。图片共15张，内容都是儿童熟悉的东西，如水壶、苹果、狗等。游戏结束后，研究者要求儿童回忆所玩过的东西，测查其无意识记的效果。另外，在同样的实验条件下，研究者要求儿童进行有意识记，记住15张图片的内容。结果表明，幼儿中期和晚期的儿童无意识记的效果优于有意识记的效果。3岁儿童并未真正接受识记任务，基本上只有无意识记。到了小学阶段，儿童的有意识记才赶上无意识记（如图5-2所示），并逐渐超过无意识记。

---

① 林崇德.发展心理学[M].3版.北京:人民教育出版社,2018:227.

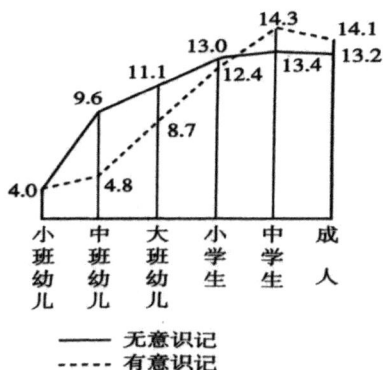

图5-2　无意识记和有意识记的效果比较

（二）记忆内容的发展：形象记忆占优势，语词逻辑记忆逐渐发展

根据识记材料的内容，可将记忆分为形象记忆和语词逻辑记忆，其中形象记忆又可分为运动记忆、情绪记忆和狭义的形象记忆三类。

1. 运动记忆

运动记忆指对人的动作或运动的记忆。儿童最早的记忆就是运动记忆，在出生后2周左右出现，如儿童在吃奶时形成的身体姿势条件反射。学前儿童身体动作的发展和运动记忆密切相关。婴幼儿学会各种动作，掌握各种生活、学习技能和行为习惯，都依靠运动记忆。运动记忆一旦形成就很难消退，且在间隔很长时间后仍容易恢复。

2. 情绪记忆

情绪记忆指对体验过的情绪或情感的记忆。情绪记忆出现得也比较早，在出生后6个月左右出现，如新生儿已明显地表现出对惧怕情绪的记忆，在整个幼儿期，记忆都带有强烈的情绪性。年幼的儿童很容易记住那些富有情绪色彩（愉快或不愉快）的事情，如听儿歌或童话时往往容易记住富有感情的句子，而且保持时间很久。大多数成年人能回忆的四五岁时的往事，往往是一些带有情绪色彩的事情。

3.形象记忆

形象记忆指以感知的事物的形象为内容的记忆，包括动觉、视觉、听觉、嗅觉形象等。如人们脑海中保持的鸟巢、水立方的形象，以及说起杨梅时的回味等都属于形象记忆。形象记忆大约出现在出生后6—12个月，依靠表象进行，且主要依靠视觉表象。婴儿认识奶瓶、熟悉的玩具，认识母亲，分清熟悉和陌生的人，都是形象记忆的表现。1岁前的形象记忆和动作记忆、情绪记忆紧密联系。

4.语词逻辑记忆

语词逻辑记忆指对概念、公式、判断和推理等抽象思维过程的记忆。这种记忆出现比较晚，在1岁左右出现，与学前儿童语言中枢的发展密切相连，是在儿童掌握语言过程中逐渐发展的。

幼儿的形象记忆比语词逻辑记忆出现得早，且在幼儿的记忆中，形象记忆占主要地位，记忆效果优于语词逻辑记忆。他们最容易记住具体直观的材料；其次才是实物的名称、事物的形象和行动的语词材料；最后才是概括性较高、较抽象的语词材料。根据幼儿记忆的这一特点，提供给他们的学习材料应该尽量具有生动形象性。两种记忆水平在幼儿三四岁时都较低，其后随年龄的增长而不断发展，并且语词逻辑记忆的发展速度大于形象记忆的发展速度。两者的差距逐渐缩小，这是因为形象记忆和语词逻辑记忆相互联系得越来越密切，如幼儿只有把物体的形象和相应的词语联系在一起，才能叫出熟悉物体的名称，而幼儿所熟悉的词，也必然建立在具体形象的基础上，词和物体的形象是不可分割的。中班幼儿开始使用记忆方法，观看图片时往往能自动说出图片名称。大班幼儿更明显地使用语言帮助记忆。他们有时边看边说，有时只是默默地动嘴，自言自语，指导自己的识记过程。

（三）记忆方法的发展：记忆的理解和组织程度逐渐提高

根据识记时对材料的理解和组织程度，可以将记忆分为机械记忆和意义记忆。在不了解材料意义的情况下，只根据材料的外在表现形式，采用简单重复的方式进行的记忆称为机械记忆。幼儿因为知识经验比较贫乏，缺少可以吸收理解新材料的旧经验，也不善于发现材料本身的内在联系，对事物的把握往往只停留在一些外部特征和表面联系上，只能机械地去识记，而且幼儿确实能够记住一些他们根本不理解的东西。例如，幼儿记一首儿歌或一则故事，往往是从头到尾、逐字逐句地死记硬背。有的幼儿虽然不懂得数的实际意义，却能够流利地从1数到10，或更多。

根据材料的意义和内在逻辑关系，在理解基础上运用有关经验进行的记忆称为意义记忆。幼儿给人的印象是大量利用机械记忆，实际上，幼儿期是意义记忆迅速发展的时期。幼儿在记忆过程中越来越多地依赖于理解，并把记忆材料加以系统化。幼儿在识记与自己经验有关的事物时，常常运用意义记忆。意义记忆的效果比机械记忆好得多，保持的时间也较长，因此教师或家长有必要引导幼儿进行意义记忆。如学习一首古诗，采用先讲故事、看图片帮助幼儿理解古诗内容，而后再背诵的方式比让幼儿简单跟着重复读有效得多。

在整个幼儿期，无论是机械记忆还是意义记忆，其效果都随着年龄的增长而有所提高，且机械记忆中加入了越来越多的理解成分，两者的差距不断缩小。两者相互联系，相互渗透，记忆效果不断提高。人们虽然强调意义记忆，但对于幼儿来讲，适当的机械记忆也是必要的。对于某些难理解或比较生疏的材料，机械记忆的成分就多些，而对于那些容易理解或比较熟悉的材料，意义记忆的成分比较多，所以教师应注意引导幼儿进行意义记忆，同时也要帮助幼儿在理解的基础上进行机械记忆。例如，教幼儿认识1、2、3等数字时，可以教他们将字形分别同小棍、鸭子、耳朵等形象联系起来。传授新知识时应当讲解，帮助幼儿将新旧知识联系起来，在理解的基础上进行识记。同时，还必须经过反复练习，以达到牢固、准确记忆的目的。

（四）记忆精确性的发展：记忆的持久性进一步发展，但精确性差

精确性指儿童再现的内容与识记对象的相符合程度，即记忆的精确率。幼儿记忆的精确性较差，表现在两方面：一是往往只记住一些富有吸引力的内容，而把最主要、最本质的东西遗漏了，或者把一些相似的材料混淆起来。例如，常常"6""9"不分；复述故事时，常常只能讲出个别情节，而忘掉了基本内容。年龄越小的儿童越是这样。二是把想象的东西当作现实，把记忆与想象混为一谈。幼儿记忆不够精确，主要是由于缺乏精细的分析能力和容易受暗示。随着幼儿经验的丰富，分析综合能力的增强，记忆也逐渐精确起来。年龄越小，记忆的精确率越低。实验表明，5岁儿童独立再现一段词语时错误率是45%，6岁时错误率是41%，而小学儿童只有6%的错误率。另有实验表明，小班幼儿记忆句子时的正确率为26%，中班为43%，大班则达到60%。因此，儿童记忆的正确率是随着年龄的增长而不断提高的。

第三节　学前儿童记忆力的培养策略

记忆力是智力发展水平的重要标准，针对学前儿童的身心发展特点，应遵循客观性、发展性和教育性原则培养学前儿童的记忆力。

一、激发幼儿的记忆兴趣

新奇、形象、具体、鲜明的事物，以其突出的物理特点，容易引起幼儿的集中注意，也容易给幼儿留下深刻的印象。因此，要求幼儿记住的事物最好使它能够吸引幼儿的注意。符合幼儿兴趣的、对幼儿生活具有重要意义的、能激起幼儿愉快或惊奇等强烈情绪体验的事物，都比较容易成为

幼儿注意的对象，也容易成为无意记忆的内容。因此，应尽量采用幼儿乐意接受的方式进行教育，如有趣的故事就比生硬的说教更容易被幼儿记住。在幼儿教学中，教师也可以创设情境引起幼儿的怀疑或惊讶来加强其记忆。

针对学前儿童的记忆以形象记忆和无意记忆为主的特点，在幼儿园的各项活动中，教师要精心设计活动方案，恰当地运用丰富多彩、形象鲜明的图画、模型、实物等直观的形式进行教学，为幼儿提供能直接操作的游戏材料，讲解语言要生动有趣、绘声绘色，以吸引幼儿注意，激发他们的兴趣和强烈情感，使其更直观地观察和理解要识记的内容，提高记忆能力，如故事表演、木偶戏等都能收到很好的效果。形象与词的结合，可以提高记忆效果。随着幼儿年龄的增长，形象记忆和语词记忆的效果逐渐接近。但是，幼儿独立地把形象和词结合起来的能力还比较差，这种能力会随着幼儿年龄的增长逐渐发展起来。相对于小班幼儿，中班幼儿已经能用词语帮助记忆图像，他们能自动说出图像的颜色、形状、位置等，大班幼儿有时边看边说，有时只是动动嘴唇来帮助记忆图像，他们运用语词来帮助识记图像的现象更明显。在教育教学中，教师要遵循直观性原则，注意形象和语词的结合，不仅能够提高教育效果，也能促进幼儿记忆的发展。

在整个幼儿期，记忆都带有很大的情绪性，记忆效果和幼儿的情绪状态有很大关系，幼儿情绪越积极、兴趣越强烈、自信心越足，记忆效果就越好。家长和教师要注重创设良好的教育环境，激发幼儿对识记材料的兴趣，让幼儿在愉快的学习环境中提高记忆效果。同时要注意的是，正是由于幼儿记忆具有强烈的情绪性，打骂、恫吓孩子带来的惊恐和痛苦会给孩子留下极深的印象，甚至会使幼儿形成胆小、撒谎等不良行为习惯，因此在对幼儿进行教育时尽可能不要引起幼儿的负面情绪体验。

二、明确识记任务，产生识记动机

在具体的记忆活动中，家长和教师既要照顾幼儿记忆带有较大的无意性的特点，又要适时地向幼儿提出识记的任务，培养幼儿的有意识记，以提高记忆的效果。如果识记对象是幼儿活动的主要对象，幼儿在活动过程中始终不能离开对该对象的认知，那么，对这个对象进行无意识记的效果也较好。例如，幼儿经常在小区里玩耍，却不知道小区中有哪些植物，家长若刻意带着幼儿观察植物并让他找出有几种植物，幼儿自然而然能够记住各种植物的大概形状。记忆力与有意注意有密切关系，成人要训练学前儿童的有意注意，通过在日常生活中布置任务，利用语言组织学前儿童的注意，引导或帮助他们明确记忆的目的和任务，产生有意识记的动机。如成人可以通过让幼儿寻找两种（或两种以上）材料的异同之处，来训练幼儿的注意力和记忆力。幼儿在完成现实生活中的而且是他们自己迫切需要完成的实际任务时，通常在与他人比较或竞赛的任务中，识记的效果最好。

三、帮助幼儿理解识记内容

幼儿对记忆材料理解得越深，记得就越快，保持的时间就越长，知识经验就越丰富，就越有助于学前儿童对事物的理解，形成良性循环。在日常生活及教学活动中，家长及教师应采取多种方法帮助幼儿理解识记任务，引导幼儿从事物的内部联系上去识记事物，以提高幼儿的记忆效果。如背诵古诗《春晓》，若让幼儿简单重复跟读，幼儿需要很长时间才能记住，而且容易出错。如果先结合相应图画将诗的内容以故事的形式讲给幼儿听，再仔细给幼儿讲解"眠""啼鸟"等难理解的词，幼儿很快就会准确背诵，而且记忆保持时间更长。这样的记忆从识记开始就是准确的，并且新的材料与已有知识经验联系紧密，识记内容更加条理系统。

四、合理安排复习

根据艾宾浩斯的遗忘规律，识记过的内容一定要及时复习，而且还要合理分配复习时间，采用多样化、多感官参与的复习活动，结合教学和生活活动，用游戏、谈话、讨论等方法让幼儿在活动中对需要识记的材料进行强化，以获得最好的记忆效果。在复习时要及时纠正模糊的识记内容，通过找不同训练法、找相同训练法或综合分类训练法认识事物的相同和不同之处，锻炼识别能力，提高记忆的准确性。需要强调的是，要正确评价幼儿的识记结果，只要幼儿能背出、复述识记材料的部分内容，教师就应给予及时表扬，避免责备幼儿无法回忆部分内容，否则会挫伤幼儿识记的积极性。

反 思 探 究

（1）学前儿童的记忆呈现出怎样的发展趋势？

（2）幼年健忘是否意味着3岁以前幼儿是没有记忆的？为什么？

（3）蒙台梭利说过："我说过了，我忘记了，我看到了，我记住了，我做过了，我理解了。"对我们开展幼儿教育活动促进幼儿记忆有什么启发？

（4）我们发现这样一种现象：教师花大力气教幼儿记住某首儿歌，有时候孩子们不能完全记牢，但他们偶尔听到的某个童谣，看到的某个电视广告，只需一两次就能熟记心中。根据学前儿童记忆发展的有关原理，对上述材料加以分析。

第六章 学前儿童思维的发展

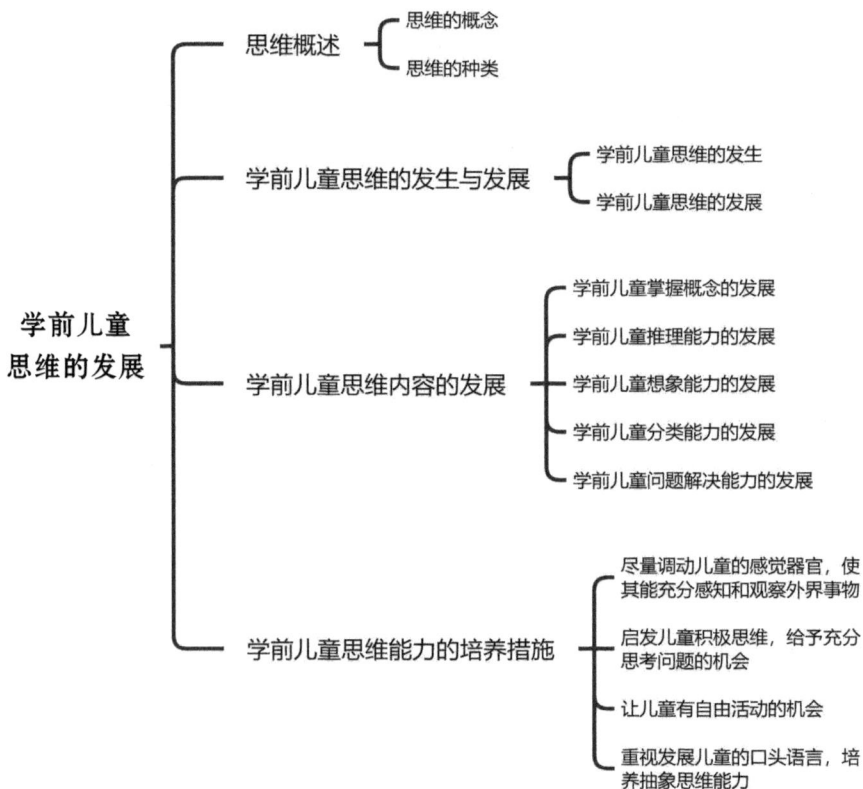

学 习 目 标

（1）提高逻辑思维能力，养成勤学苦练的好品格。

（2）了解思维的概念和种类。

（3）理解和掌握皮亚杰学前儿童思维发展的模式。

（4）学会运用具体的措施促进学前儿童思维的发展。

案 例 导 入

杰奎林1岁零7个月时，已具有构想物体被隐藏在重重障碍之下的能力……我把铅笔放在盒子里，用一张纸将盒子包起来，再用手帕扎裹一层，最后用贝雷帽和床单把它罩起来。杰奎林先揭开贝雷帽和床单，然后再解开手帕，却没有立即发现盒子，但是她继续寻找，显然她已确信盒子的存在。然后她觉察到了纸，并立即明白了其中的奥妙，她撕开纸，打开盒子，找到了铅笔。

皮亚杰认为，客体永久性这种认知技能是真正思维的开始，是运用洞察力和符号来解决问题的能力的开始。这就为儿童进入下一个阶段（前运算阶段）的认知发展做好了准备。在前运算阶段，思想与行动相对独立，使思维的速度能显著提高，换句话说，客体永久性是思维的基础。思维不同于感觉、知觉和记忆，但又是在感觉、知觉和记忆的基础上发展起来的。思维是一种更复杂、高级的认知活动，具有概括性和间接性等特点。接下来让我们一起来了解思维和学前儿童思维的发展。

第一节 思维概述

一、思维的概念

思维是借助语言、表象或动作实现的对客观事物的概括和间接的认识，是认识的高级形式。它能揭示事物的本质特征和内部联系，并主要表现在概念形成和问题解决的活动中。思维不同于感觉、知觉和记忆。感觉、知觉是直接接受外界的刺激输入，并对输入的信息进行初级的加工。记忆是对输入的刺激进行编码、储存、提取的过程。而思维则是对输入的刺激进行更深层次的加工，它揭示事物之间的关系，形成概念，并利用概念进行判断、推理，解决人们面临的各种问题。但思维又离不开感觉、知觉、记忆活动所提供的信息。人们只有在大量感性信息的基础上，在记忆的作用下，才能进行推理，作出种种假设，并检验这些假设，进而揭示感觉、知觉、记忆所不能揭示的事物的内在联系和规律。

二、思维的种类

思维可以从不同的角度进行分类。

（一）直观动作思维、具体形象思维和抽象逻辑思维

这种分类主要是根据思维任务的性质、内容和解决问题的方法来进行的。

1.直观动作思维

又称实践思维，它面临的思维任务具有直观的形式，解决问题的方式依赖于实际的动作。例如，自行车出了毛病，不能正常骑了，问题出在哪里？人们必须通过检查自行车的相应部件，才能确定是车胎没气了还是轴

承坏了，找出故障进行修理，才能排除故障。这种通过实际操作解决直观而具体问题的思维活动，就是直观动作思维。3岁前的幼儿只能在动作中思考，他们的思维基本上属于直观动作思维。例如，幼儿将玩具拆开，又重新组合起来，动作停止，他们的思维也就停止了。成人有时也要运用表象和动作进行思维，但这种直观动作思维要比幼儿的直观动作思维水平高。

2.具体形象思维

它是指人们利用头脑中的具体形象（表象）来解决问题。例如，去城市的某个地方参观，我们事先会在头脑中想出可能要走的道路，经过分析与比较，最后选择一条短而方便的路。这样的思维就是具体形象思维。具体形象思维在问题解决中有重要的意义。艺术家、作家、导演、设计师等更多地运用具体形象思维。

3.抽象逻辑思维

当人们面对理论性质的任务，并要运用概念、理论知识来解决问题时，这种思维称为抽象逻辑思维。例如，学生学习各种科学知识，科学工作者进行某种推理、判断都要运用抽象逻辑思维。它是人类思维的典型形式。

（二）经验思维和理论思维

人们凭借日常生活经验进行的思维活动叫作经验思维。例如，学前儿童根据他们的经验，认为"果实是可食的植物""鸟是会飞的动物"，这些都属于经验思维。由于知识经验的不足，这种思维易具有片面性，甚至得出错误或曲解的结论。理论思维是根据科学的概念和论断，判断某一事物，解决某个问题。例如，我们说"心理是客观现实在人脑中的主观映象"，就是理论思维的结果。这种思维活动往往能抓住事物的本质，使问题得到正确的解决。

（三）直觉思维和分析思维

直觉思维是人们在面临新的问题、新的事物和现象时，能迅速理解并作出判断的思维活动。这是一种直接的领悟性的思维活动。例如，警察在杂乱的人群中，能迅速辨别出罪犯；科学家对某些偶然出现的现象，能提出猜想或假说；等等。直觉思维具有快速性、跳跃性等特点。分析思维也就是逻辑思维，它遵循严密的逻辑规律，逐步推导，最后得出合乎逻辑的正确答案，继而得出合理的结论。

（四）辐合思维和发散思维

辐合思维是指人们根据已知的信息，利用熟悉的规则解决问题。也就是从给予的信息中产生合乎逻辑的结论。它是一种有方向、有范围、有条理的思维方式。例如，甲>丙，甲<乙，乙>丙，乙<丁，其结果必然是丙<丁。发散思维是指人们沿着不同的方向思考，重新组织当前的信息和记忆系统中存储的信息，产生出大量、独特的新思想。例如，如何保护城市的生态环境？回答这个问题，人们可以从不同的方向思考，想出诸如增加植被、减少环境污染、教育市民爱护环境等措施。这种思维方式在解决问题时，可以产生多种答案、结论或假说。但究竟哪种答案最好，则需要经过验证。

（五）常规思维与创造思维

常规思维是指人们运用已获得的知识经验，按现成的方案和程序直接解决问题，如学生运用已学会的公式解决同一类型的问题。这种思维的创造性水平低，对原有的知识不需要进行明显的改组，也没有创造出新的思维成果，因而称之为常规思维或再造性思维。创造性思维是重新组织已有的知识经验，提出新的方案或程序，并创造出新的思维成果的思维活动。例如，新的大型工具软件的开发，新的科学理论的提出，都需要创造性思维。创造性思维是人类思维的高级形式。许多心理学家认为，创造性思维是多种思维的综合表现。它既是发散思维与辐合思维的结合，也是直觉思维与分析思维的结合，它包括理论思维，又离不开创造想象等。

拓展阅读：创造性思维的性别差异[①]

创新若是人类文明和技术进步的引擎，那么创造性思维则是创新得以展现的关键基础。创造性思维由于其本身的复杂性，致使人们对其认识仍相当有限。随着人类创造性思维的阐发及其所引起的人类文明的进步和技术的革新，人们对创造性思维的认识又达到了一个全新高度。创造性思维的研究已经逐渐发展到基于脑的研究范式阶段。该取向下，人们通过借助传统行为测量和现代认知神经科学技术来解密创造性之脑，发现男性和女性的创造性思维具有显著差异，女性发散思维相对优于男性，且以言语发散思维的优势最明显，但男性的聚合思维相对优于女性，并与大脑两半球的加工优势有一定关联。但两性创造性思维的性别差异受到各类因素的调节，意味着今后研究探讨创造性思维的脑机制时需格外注意性别因素及其可能催生的心理效应。

第二节 学前儿童思维的发生与发展

一、学前儿童思维的发生

（一）学前儿童思维发生的时间

学前儿童思维的发生是在2岁左右。3—7岁是思维发展的时期。学前儿童思维的主要特点是具体形象性，它是在直观行动思维的基础上演化而来的。在幼儿晚期，抽象逻辑思维开始发展。

（二）学前儿童思维发生的标志

出现语词的概括，是思维发生的标志。

[①] 沈汪兵,刘昌,施春华,等.创造性思维的性别差异[J].心理科学进展,2015,23（8）:1386.

学前儿童概括水平的发生发展可以分为三个阶段：

1.直观的概括——感知水平的概括

学前儿童最初对事物最鲜明、最突出的外部特征（主要是颜色特征）进行概括。

2.动作的概括——表象水平的概括

学前儿童学会了用物体进行各种动作，逐渐掌握各种物体的用途。

3.语词的概括——思维水平的概括

2岁左右，幼儿出现了语词的概括，开始能够按照物体的某些比较稳定的主要特征进行概括，舍弃那些可变的次要特征。

二、学前儿童思维的发展

（一）皮亚杰认知发展阶段理论

皮亚杰提出的认知发展阶段理论认为，思维是单维发展途径，由直观动作思维到具体形象思维，再到抽象逻辑思维，高级思维逐级替代低级思维。这种途径主要的特点是替代式的，即新的代替旧的，低级的变成较高一级的发展模式。

皮亚杰儿童智力水平的划分依据是儿童的运算能力，根据这一划分标准，皮亚杰将儿童认知的发展划分为四个过程：感知运动阶段、前运算阶段、具体运算阶段与形式运算阶段。（见表6-1）

表6-1 皮亚杰的认知发展阶段

阶段	大致年龄/岁	描述
感知运动阶段	0—2	婴幼儿通过外显的行为影响世界，以此来认识世界。他们的运动行为反映了感知运动格式——用于认识世界的概括化的动作模式，诸如吸吮格式。格式逐渐分化和整合，并且在阶段末,婴幼儿能够形成现实的心理表征

续 表

阶段	大致年龄/岁	描述
前运算阶段	2—7	儿童能利用表征(表象、图画、词、姿势)而不仅仅是动作来思考客体和事件。他们的思维更敏捷、灵活和有效,但受自我中心主义限制,即关注于直觉状态,依赖于外表而不是潜在的实体,显得刻板(缺乏可塑性)
具体运算阶段	7—11	儿童获得运算概念,这是构成逻辑思维之基础的内在心理活动系统。可逆的有组织的运算使儿童能够克服前运算思维的限制,习得守恒、类包含、观点采择以及其他概念。运算只能运用于具体的对象——现存的或心理上表征的对象
形式运算阶段	11—15	心理运算可用于真实情境,也能用于可能性和假设性情境;能用于当前情境,也能用于将来情境,以及运用于单纯言语或逻辑的陈述。青少年获得科学思维、假设—演绎推理及包括命题间推理的逻辑推理,能够理解高度抽象的概念

1.感知运动阶段(0—2岁)

在感知运动阶段,婴幼儿的智力还处于发展过程之中,并不健全。此时婴幼儿完全以自我为中心,对于外部客观世界的认知完全依靠自身活动所造成的结果来判断,认知图式主要依靠由遗传所获得的图式,但随着主体活动的增加,其认知图式也处于一种缓慢的建构过程之中。

最初,婴幼儿的世界里完全没有客体和主体的区别,婴幼儿所知道的一切事情都与他自己有关,他将自己的身体和动作当作现象的原因,此时婴儿的世界是自我中心主义的。去除自我中心的过程或称去中心化在出生后的18个月中逐渐发生,婴幼儿逐渐把自己当作组成世界的客体的一部分,意识中开始出现主体与客体的区分,皮亚杰将这一转变比作"哥白尼式的革命"。虽然在感知运动阶段中出现的认知图式水平较低,但是这些早期的图式将成为以后高水平认识能力发展的基础,这一阶段中形成的永久客体、空间、时间、因果关系等图式也将成为日后永久客体概念、空间概念、时间概念、因果概念等形成的基础。在感知运动阶段，儿童认知能力的逐渐提高集中表现为：主体开始意识到外部事物的存在性，外部事物的这一存在并不会因主体而改变。伴随着这一观点深入大脑，永久性主体认知图式开始逐步建立。此时，主体开始萌发因果性认知思维，主客体间的相互作用开始显现出更大的作用。

拓展阅读：客体永久性的发展[①]

婴儿在感知运动阶段获得的最显著的进步之一就是客体永久性的发展，即当物体不在眼前或通过其他感官不能察觉时，仍然知道物体是继续存在的。例如，当摘下手表用杯子盖住后，仍然知道手表是存在的。但由于年幼婴儿在"理解"事物时，过于依赖感觉和运动技能，所以只有在可以直接感知或作用于物体时，他们才认为物体是存在的。的确，皮亚杰及其他一些研究者已经发现，当把一个有吸引力的物体放在视线之外时，1—4个月大的婴儿便不再去寻找。假如他对手表非常感兴趣，但你用杯子把手表盖住后，他会很快对手表失去兴趣，好像认为手表不再存在，或变成了杯子。4—8个月大的婴儿能找回被部分隐藏的玩具或压在半透明盖子下的物体。但他们仍然不会去找被完全藏起来的东西。对此，皮亚杰解释说，从婴儿角度来看，消失的物体就意味着不再存在。

更清晰的客体概念是在婴儿8—12个月大时出现的。不过，客体永久性还远远没有形成。请看皮亚杰10个月大的女儿的例子：

杰奎琳坐在床垫上，没有任何吸引她的玩具。我把她的鹦鹉玩具从她手中拿走，并两次把它藏在左侧的床垫下（位置A），杰奎琳每次都能立即找到并抓住它。接着，我又从她手中拿走玩具，并在她的眼前将玩具慢慢移到右边，藏在了床垫底下（位置B）。杰奎琳看到了这种移动，但当鹦鹉消失时（位置B），她却转向最初藏玩具的左侧

① SHAFFER D R，KTPP K.发展心理学：儿童与青少年[M].邹泓，等译.9版.北京：中国轻工业出版社，2016：212-213.

（位置A）。（Piaget，1954，p.51）

　　杰奎琳到最初而非最后看到物体的地方去寻找藏起来的物体，这种反应对8—12个月大的婴儿来说是非常有代表性的（Markovitch & Zelazo，1999）。皮亚杰对这种A非B错误做了准确的解释：杰奎琳这样做，看起来像是她的行为会决定能在何处发现物体，以至她还不能以物体独立于自己的行为的方式来对待。

　　在12—18个月大时，儿童的客体概念逐渐改善。学步儿现在已能追踪物体可见的移动，并到最后见到它的地方去寻找。不过，此时，客体永久性发展还不完善，因为儿童还不能对看不见的物体的位移进行必要的心理推论。因此，如果你把玩具藏在手中，把手放到屏障后面，把玩具放到那儿，把手从屏障后移开再让儿童去找玩具，12—18个月大的儿童会到他最后看到玩具的位置去找，即到手中而不是到屏障后面去找。

　　在18—24个月大时，儿童能对看不到的位移进行心理表征，并用这些心理推理指导自己去寻找消失的物体。至此，他们已能充分理解客体永久性，并为自己能在复杂的捉迷藏游戏中找到物体而非常自豪。

第1亚阶段（出生后1个月内）称为反射活动阶段，是反射和自发行动的阶段，婴儿探索和理解周围环境完全依靠动作图式，这个时期出现的动作图式源自人类本能，即原始图式。图式也叫认识结构，它是可变的思维或者动作的组织模式，最初的图式是吮吸图式等来自本能的分散的图式，由遗传获得。简而言之，图式就是思维或者动作的组织模式。

第2亚阶段（1—4个月）称为初级循环反应阶段，又称最初习惯阶段。之所以称为最初习惯阶段，是因为这个时期婴儿出现最早的运动习惯，这些运动习惯是以婴儿自身为中心的重复运动。皮亚杰采用了"习惯"这个名词来称呼这一阶段中习得行为的形成和变化，他说道："我们即使采用'习惯'这个名词（因为尚无其他较好的名词），来指明习得行为的形成以及这种习得行为形成后变为自动化的动作，但是习惯仍然与智慧不同。"习惯与智慧的区别主要在于：习惯的基础是一般的感知—运动图式，而智慧还需要在习惯之上区分出方法和目的。

第3亚阶段（4—8个月）称为二级循环反应阶段。此阶段中儿童对由于动作而产生的视觉延续出现兴趣，会重复偶然发现的、指向外部客体的、令他愉快的动作。此阶段，婴儿觉察到自己的动作会产生某种影响，使物体变得非常有趣，但是这仍然是实物水平上的觉察，动作的结果和目的还没有区分，他们不知道动作与结果之间具有某种比较稳定的联系，不能区分方法与结果，也没有对中介作用的认识。他们并非有目的地重复自己的动作，因为有趣的结果并非动作最初的目的而是偶然的发现。

第4亚阶段（8—12个月）称为二级模式间的协调阶段，是方法和目的协调发生作用的阶段，婴儿可以使用不止一种方法来达到简单的目的。此阶段可以观察到婴儿具有明显较高级智慧特征的活动，其标志在于此阶段婴儿能区分方法与结果，工具性的动作也在稍后出现。婴儿开始尝试使用新方法来产生同样的结果，他们能通过协调两种或者两种以上的动作来达到自己的目的。如对于伸手够不到的东西，此阶段的婴儿会通过自己熟悉的动作来达到目的，如果自己做不到，他们会采用其他方法，如要求成人替自己达成目的。不过这个阶段的婴儿显然还不懂得使用中介物。

第5亚阶段（12—18个月）称为第三循环反应阶段，幼儿的好奇心大增，会探索新的方法以再现有趣的结果。皮亚杰曾记录："把一物体放在毯子上幼儿拿不到的地方。幼儿企图直接取得这物体失败后，偶尔会抓住毯子的一角（凭凑巧或作为一种替代），从而观察到毯子的运动同物体的运动间的关系，逐渐开始拖动毯子以便取得物体。"将连接着物体的毯子换成线所作的实验也得到了同样的结果。这意味着，此阶段幼儿已经能在原有动作图式中搜索新方法，开始对中介物或者支持物有所意识，使用的方法也不局限在肢体可以直接引起结果的范围内。幼儿对永久客体、因果、空间等都有了更加深入的了解，他们开始积极地计划自己的动作。

第6亚阶段（18—24个月）称为符号问题解决阶段，这是向前运算阶段过渡的阶段。幼儿将自己的行为内化为心理符号，使用新方法应对各类状况。此阶段，可以观察到表象能力的迹象，幼儿开始"思考"，他们开始使用内在的联合来寻找新的方法。当应对某种状况失败时，他们开始"构思"新的解决方法，更接近于突然理解或者格式塔心理学所说的顿悟。虽然第2亚阶段已经出现模仿行为，但直到第6亚阶段，模仿才是为了寻找解决问题的方法，即使模仿对象已经离开幼儿的视野很长时间，模仿也能完成，表象的能力初步得到体现。

2.前运算阶段（2—7岁）

与感知运动阶段不同，在前运算阶段儿童的智力已经获得了长足的进步。在前一阶段，儿童还主要依靠反射活动和遗传图式来认知外物，虽然这一认知活动也处于不断的发展变化之中，但是与前运算阶段相比还是有相当大的差距。在这一阶段，主体对于客体的永久性认识得到了进一步的强化，动作的目的性更强。并开始使用符号来表达自己的思想，通过符号在脑海中逐渐代替外物。伴随着这一过程的进一步发展，儿童开始能够脱离具体的动作而仅仅依靠大脑中的图式来对外物进行思维，这一思维的出现标志着儿童表象思维的形成。儿童的表象思维虽然还称不上是尽善尽美，但这已经是历史性的一步，因为这种思维模式的出现彰显了主体动作的内化程度，而内化动作则表示的是主体思想在抽象思维中进行的动作。但需要指出的是，儿童表象思维虽然标志着其认知水平的提高，但我们还应该注意到的是此时儿童使用的符号还只是最为简单的符号，还不能建立一般普遍的必然性认识，更难以进行由一般到个别的抽象思维。所以，我们应该客观地指出儿童表象思维只是儿童智力发展阶段过程中的插曲，是智力向更高水平过渡的过程。

拓展阅读：三山实验[①]

根据皮亚杰的观点，前运算阶段思维的基本特征是自我中心，即从自我的角度去解释世界，很难想象从别人的观点看事物是怎样的。皮亚杰设计了三座山测验（如图6-1所示），用来评价儿童能否采用别

[①] 林崇德.发展心理学[M].3版.北京：人民教育出版社，2018：235.

人的观点。三座山以不同的颜色来区别，一座山上有一间房屋，另一座山上有一个红的十字架，还有一座山上覆盖着白雪。儿童坐在桌子的一边，桌上放着这个模型。在第一个实验中，实验者把一个娃娃放在桌子周围的不同位置，问儿童"娃娃看到了什么"。在第二个实验中，实验者向儿童出示从不同角度拍摄的三座山的照片，让儿童挑出娃娃所看到的那张照片。在第三个实验中，实验者给儿童三张硬纸板，要儿童按娃娃所见把三座山排好。结果，8岁以下的儿童一般不能成功。大多数6岁以下的儿童是从自己的观察角度而不是娃娃的观察角度来选择照片或搭建模型。因此，皮亚杰认为幼儿在对事物进行判断时是以自我为中心的，不能采纳别人的观点。

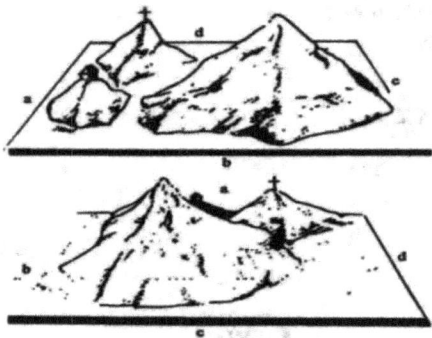

图6-1 三座山模型

总而言之，虽然儿童表象思维的出现代表了其智力的进一步发展，但在此阶段，儿童还不能进行具体的运算思维，对外物的认识具有一定的相对性，其自我中心状态依旧没有解除，缺乏一般性认识。前运算阶段依旧处于认知过程的过渡阶段。

3.具体运算阶段（7—11岁）

在这一阶段，儿童已经获得了运算能力，智力已经发展到了一个新的水平。但此时的运算还不是形式运算，只是具体运算，因为主体有时还需要借助于具体的事物来解决问题。但不可否认的是，此时主体的内化与顺应动作更加频繁与完善，思维活动已经开始具有可逆性和守恒性认识。皮亚杰非常重视这一阶段儿童守恒性认识的获得，因为在他看来儿童守恒性认识的出现与最终获得，标志着具体运算与形式运算之间的发展过程，而可逆性认识彰显了儿童认知过程的能动性。

拓展阅读：守恒①

守恒是物体的量与其排列和外在形状无关的知识。他们无法意识到，一个维度上的改变（例如，外观上的变化）并不一定意味着其他维度（例如，数量）的改变。例如，尚未理解守恒的儿童会自然而然地认为，液体在两个不同形状的杯子间来回倾倒时发生了量的变化。他们只是不明白外观的转变并不意味着量的变化。

表6-2 对儿童是否理解守恒的测试

守恒的类型	形式	物理外观的变化	理解守恒的平均年龄/岁
数量	集合中元素的数量	重新排列	6—7
物质（质量）	有延展性物质的量（例如黏土或液体）	改变形状	7—8
长度	线段或物体的长度	改变形状或构造	7—8
面积	平面覆盖的面积	重新排列	8—9
重量	物体的重量	改变形状	9—10
体积	物体的容量（例如排水量）	改变形状	14—15

---

① 罗伯特·S.费尔德曼.儿童发展心理学[M].苏彦捷,等译.8版.北京:机械工业出版社,2022:194—195.

总的说来，在这一阶段，儿童获得了守恒性与可逆性认识，已经能够对事物的大小、长短和其出现时间先后加以思考和排序，自我中心状态进一步得到解除，儿童的智力水平已经获得了质的飞跃，具有了较为系统的逻辑思维能力，为进入下一阶段打下了坚实的基础。

4.形式运算阶段（11—15岁）

处于具体运算阶段的主体有时为了解答问题还需要借助于具体事物的帮助，那时的主体尚不能够熟练地运用语言符号来进行抽象的、准确的思维运算。而在形式运算阶段，主体已经摆脱了具体事物的限制，能够运用符号在脑中通过抽象思维来重建事物和相应的过程，并在思维过程中对存在的问题加以解答。此时的主体不仅能够熟练地使用语言符号，还可以借助于脑中的概念与假设进行假设演绎推理，并得出相应的答案。由此，假设演绎运算也被视为评价主体认知能力水平高低的重要标尺。在皮亚杰看来，主体只有拥有了假设演绎运算能力才具备进行科学研究所要求的基本运算能力。

（二）林崇德思维发展的新途径

思维发展是发展心理学的主要研究课题，包括皮亚杰的认知发展理论，该理论认为思维是单维发展途径：这种途径的主要特点是替代式的，即新的代替旧的，低级的变成较高一级的。当然，这样分析有一定道理，但也有一个难解之处，就是如何揭示这些思维之间的关系和联系。林崇德在多年研究的基础上，提出了思维发展的一个新途径，如图6-2所示。

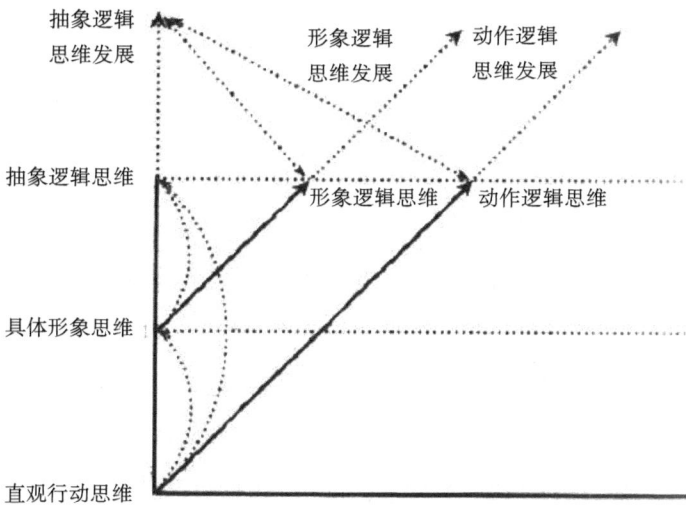

图6-2　林崇德思维发展新途径

1.直观行动思维与动作逻辑思维

直观行动思维是指直接与物质活动（感知和行动）相联系的思维，所以皮亚杰称它为感知运动（动作）思维。在个体发展的进程中，最初的思维是这种直观行动思维。也就是说，这种思维主要是协调感知动作，在直接接触外界事物时产生直观行动的初步概括，如果感知和动作中断，思维也就终止。直观行动思维，在个体发展中向两个方向转化，一是它在思维中的成分逐渐减少，让位于具体形象思维；二是向高水平的动作逻辑思维（又叫操作思维或实践思维）发展。动作逻辑思维，是以动作或行动为思维的重要材料，借助于与动作相联系的语言作物质外壳，在认识中以操作为手段，来理解事物的内在本质和规律性。对成人来说，动作逻辑思维中有形象思维和抽象逻辑思维成分，有过去的知识经验作中介，有明确的目的和自我意识（思维的批判性）的作用，在思维的过程中有一定形式、方法，是按一定逻辑或规则进行的。这种思维在人类实践活动中有重要意义。例如，运动员对运动技能和技巧的掌握，某种操作性工作的技能及其熟练性，都需要发达的动作逻辑思维作为认识基础。

2.具体形象思维与形象逻辑思维

具体形象思维是以具体表象为材料的思维。它是一般的形象思维的初级形态。在个体思维的发展中，必须经过具体形象思维阶段。这时候在主体身上虽然也保持着思维与实际动作的联系，但这种联系并不像以前那样密切直接。个体思维发展到这个阶段，儿童可以脱离面前的直接刺激和动作，借助于表象进行思考。具体形象思维是抽象逻辑思维的直接基础，通过表象概括，发挥言语的作用，逐渐发展为抽象逻辑思维。具体形象思维又是一般的形象思维或言语形象思维的基础，通过抽象逻辑思维成分的渗透和个体言语的发展，形象思维本身也在发展，并产生新的质。形象逻辑思维，即将形象或表象作为思维的重要材料，借助于鲜明、生动的语言作物质外壳，在认识中带有强烈的情绪色彩的一种特殊的思维活动。一方面是具体的、活生生的、有血有肉的、个性鲜明的形象；另一方面又有着高度的概括性，能够使人通过个别认识一般，通过事物外在的生动具体、富有感性的表现认识事物的内在本质和规律。形象逻辑思维具备思维的各种特点，它的主要心理成分有联想、表象、想象和情感。

3.抽象逻辑思维

在实践活动和感性经验的基础上，以抽象概念为形式的思维就是抽象逻辑思维。这是一切正常人的思维，是人类思维的核心形态。抽象逻辑思维尽管也依靠于实际动作和表象，但它主要是以概念、判断和推理的形式表现出来，是一种通过假设的、形式的、反省的思维。抽象逻辑思维，就其形式来说，就是前面已经提到过的形式逻辑思维和辩证逻辑思维。前者是初等逻辑，后者是高等逻辑。两者既有区别，又有联系，是相辅相成的。

综上所述，我们可以看出，各种思维形式之间的关系，并不是简单的替代关系，而是替代与共存辩证统一的关系。所以，在教学实践中，既要发展学生的抽象逻辑思维，又要培养他们的形象逻辑思维和动作逻辑思维，任何一种逻辑思维能力都不可偏废。

第三节　学前儿童思维内容的发展

一、学前儿童掌握概念的发展

概念是人脑对客观事物本质属性的反映。儿童掌握概念的主要方式，是向成人学习社会上已经形成的概念。这个学习过程不是简单机械的过程，而是主动建构的过程。儿童还会在自己的生活实践中掌握概念。例如，儿童一到周末就不需要去幼儿园上学，他们会自发地形成"周末就是不上幼儿园的日子"这样的概念。学前儿童对概念的掌握一般具有以下特点：

（1）掌握的概念的内涵不精确、外延不恰当。这主要是因为幼儿概括能力的发展有限，处于形象概括的水平。幼儿往往概括的内容比较贫乏，概括的特征很多是非本质的、外部的，且不能把握事物的本质特征。他们有时会出现过度扩充或过度缩小的现象。过度扩充指幼儿超越或扩充了概念的范围，例如，幼儿认为"阿姨"的特征就是"长着长头发的人"，当他看到一个扎着长辫子的男人时会叫其"阿姨"。过度缩小指幼儿将概念的意义范围窄化，如认为"妈妈"这个概念只限于指自己的妈妈。随着年龄的增长，幼儿掌握概念的准确性和深入性会逐渐提高。

（2）从以掌握具体实物概念为主向掌握抽象概念发展是幼儿的典型思维方式，因此，他们掌握的各种概念以具体实物概念为主。但并非概念越具体，或者说概括的水平越低，幼儿就越容易掌握。根据概括水平，可将幼儿获得的概念分为上级概念、基本概念和下级概念3个层次。幼儿往往先掌握处于中等概括水平的基本概念，再由此出发掌握更具体的下级概念和更抽象的上级概念。例如，在"动物""鱼""鲸鱼"这3个概念中，幼儿一般先要掌握"鱼"这个基本概念，然后才能掌握"鲸鱼"和"动物"

这两个概念。随着幼儿年龄的增加，到幼儿晚期，才有可能掌握一些比较抽象的概念，如动物、善良和友谊等。

（3）掌握数概念比掌握实物概念更困难一点，时间上也会更晚一点，掌握数概念是逻辑思维发展的一个重要方面。幼儿掌握数概念主要包括以下几个方面：①掌握数的顺序，如儿童知道4在5之前，5在4之后，4比5小，5比4大。一般3岁儿童已经学会口头数10以内的数，记住了数的顺序。②理解数的实际意义，如6指6个物体，当幼儿学会按物点数，即口手一致地数物体，而且能够说出物体的总数时，这说明他已经理解了数的实际意义，具备了初步的计数能力。③掌握数的组成，如5是由1+1+1+1+1、1+4或2+3等组成的，幼儿学会按物点数后，逐渐学会借助实物进行10以内的加减法。掌握数的组成是幼儿形成数概念的关键。儿童数概念的形成经历了口头数数、给物说数、按数取物和掌握数概念四个阶段。

二、学前儿童推理能力的发展

推理是在已有判断的基础上推出新判断的思维形式。幼儿在其已有生活经验的基础上，能够进行一些符合事物客观逻辑的推理，但水平较低，表现出抽象概括性差、逻辑性差和自觉性差三个特点。实验表明，幼儿在进行推理的过程中，也表现出共同的发展趋势。

1.推理过程随年龄增长而发展

3岁组儿童基本上不能进行推理活动。4岁组儿童推理能力开始发展。5岁组儿童大部分可以进行推理活动。6岁组儿童和7岁组儿童全部可以进行推理活动。

2.推理过程可划分为4级水平，且随年龄逐级发展

0级水平：不能进行推理。Ⅰ级水平：只能根据较熟悉的非本质特征进行简单的推理活动。Ⅱ级水平：可以在提示下，运用展开的方式逐步发现事物的本质联系，最后得出正确的结论。Ⅲ级水平：可以独立而较迅速地运用简约的方式进行正确的推理活动。推理水平的提高表现在推理内容的

正确、推理的独立性、推理过程的概括性及方式的简约性等方面。

3.推理方式的发展由展开式向简约式转化

展开式指儿童的推理是一步一步进行的，推理过程进行缓慢，主要通过外部语言和动作表现出来。简约式指儿童的推理活动是独立而迅速地在头脑中进行的。展开式的推理活动在5岁之前迅速发展，简约式推理则从4岁或5岁开始发展。5—6岁是儿童迅速从展开式推理转化为简约式推理的年龄阶段。5岁以前儿童的推理以展开式推理为主，而从6岁起简约式推理占优势。

三、学前儿童想象能力的发展

想象是人脑在一定刺激的影响下对已有形象进行加工改造而形成新形象的心理过程。形象是个体早先感知过的对象在头脑中的图像记忆。想象中的形象几乎是我们从未感知过的，有些甚至是现实生活中根本不存在的形象。

幼儿想象能力的发展表现为：

（1）幼儿以无意想象为主，有意想象开始发展。

（2）幼儿以再造想象为主，创造想象开始萌芽，想象的创造成分还保留在具体形象的水平上，不能在语词的水平上进行创造性的想象。

（3）想象的主题与时间不稳定，易变换，易受外界干扰。

（4）不易分清想象和现实之间的界限，幼儿言语中常常有虚构的成分，对事物的某些情节和特征往往加以夸大。

（5）缺乏计划性和预定的目的，只满足于想象的过程本身。

四、学前儿童分类能力的发展

分类能力是幼儿思维发展的基础，是人脑运用观察、分析、比较、归纳等策略，按照事物间的共同属性对其进行归纳整理从而划分类别的过程。分类能力是类概念形成的主要标志，对培养幼儿思维能力与问题解决能力起着重要作用。由于认知水平、方式的特点与差异，不同年龄、性别和个体在分类活动中所表现出的分类能力也呈现出不同的发展特点和水平。

维果茨基将儿童分类能力的发展划分为三个阶段：主观印象阶段（无分类标准）、临时规则阶段（偶尔按规则分类）和定义规则阶段（基于固定标准分类）。皮亚杰通过大量的临床实验研究认为，3—6岁幼儿（前运算阶段）没有形成类概念的心理结构且不具备分类能力。7—8岁的幼儿（具体运算阶段）的分类能力才名副其实。Daehler M.W.发现分类标准随幼儿年龄的增长而发生改变，其中2岁左右的幼儿已经能按照事物间的类概念关系进行配对任务。研究者普遍认为，幼儿从3岁开始就已经具备了初步的分类能力。

五、学前儿童问题解决能力的发展

思维发展的最终目的是解决问题，问题解决是由一定情境引发的，按照一定的目标应用一定的认知进行操作。问题解决大致分为四个阶段：发现和明确问题；分析问题；提出假设；检验假设。

幼儿问题解决能力的发展表现为：

（1）幼儿问题解决能力的发展，依赖于幼儿短期记忆的容量。

（2）幼儿问题解决很大程度上依赖于幼儿思维策略的发展，因为策略能使幼儿解决更复杂的问题。

（3）幼儿思维策略的运用通常受具体情境的影响，不能普遍解决问题。

（4）幼儿思维策略发展的一个重要方面是其计划能力的发展。

第四节　学前儿童思维能力的培养措施

一、尽量调动儿童的感觉器官，使其能充分感知和观察外界事物

人的思维活动不是凭空产生的，它是通过实践，在积累大量感性知识材料的基础上加工而成的。因此，感性知识越丰富，思维就会越深刻。教师应为幼儿提供大量可以感知的活动材料，不断丰富孩子对自然与社会环境的感性知识和经验，引导幼儿在活动过程中边操作边思考，发展其思维能力。针对儿童思维的具体形象性特点，教师提供的材料应具备直观、形象和生动等特点，引起孩子们的兴趣。对待年龄越小的孩子，最好采用直观法，如参观、游览，直接接触各种实物，以促进孩子尽可能通过亲身的感受与体验去获得丰富的感性知识。孩子积累的感性知识越多、越正确，就越易对事物形成正确的概括，从而发展思维能力。

二、启发儿童积极思维，给予充分思考问题的机会

孩子自己想得到的、做得到的，可以让他们自己去想、去做，家长千万不要包办代替。人的脑子越用越聪明。发展孩子的思维能力，就是要使孩子更加聪明，会动脑筋，会适应新情况，会解决新问题。为了达到这个要求，必须启发孩子积极思维，可以给孩子提出任务，并精心设计、创造条件，让他们自己动脑筋思考，独立地解决问题。家长不要急于直接给予解答，可以用类比的方法启发他们自己找到正确的答案。

三、让儿童有自由活动的机会

苏联教育家苏霍姆林斯基说过："在人的心灵深处，都有一种根深蒂固的需要，这就是希望自己是发现者、研究者、探索者，而在儿童的精神世界中，这种需要特别强烈。"儿童的探索活动越丰富多样，越灵活新奇，儿童的思维能力越能得到体现和发挥。要和孩子一起玩，在玩的过程中让孩子多动脑筋，多想办法。孩子天性活泼好动，爱模仿，喜欢"打破砂锅问到底"。见到新奇的东西，就要去动一动、摸一摸、拆一拆、装一装，这些都是儿童喜欢探求和求知欲旺盛的表现，家长切不可禁止他们或随便责备他们，以免挫伤他们思维的积极性，而应因势利导，鼓励他们的探索精神，主动去培养他们爱学习、爱科学和养成乐于动脑筋、动手解决问题的好习惯。

案例分析

小强生病了，到医院打针。打针时屁股很痛，小强哭了起来。爸爸对小强说："男孩子应该勇敢，打针还哭，真没用！"小强很不服气，但又想不出什么好的办法反驳爸爸，于是就不高兴。到了幼儿园，恰巧当天玩的是开医院的角色游戏，小强强烈要求自己当医生，在给"病人"打针时候很用力，当"病人"提出抗议后，他不断地对"病人"说："男孩子要勇敢。""病人"说："我是小孩子，医生给我打针的时候应该轻轻地……"小强若有所思。

在游戏中，小强一方面用替代的方式发泄了自己的不满（医生给他打痛了，他很愤怒，但他不能对医生发火；在游戏中，他把这种愤怒发泄到"病人"身上，从而得到了心理上的平衡）；另一方面也明白了医生也不能随心所欲做事情的道理。

四、重视发展儿童的口头语言，培养抽象思维能力

语言和思维的发展有着紧密的关系。语言是个体思维活动的工具，是人们相互交流思想的工具，是记录思维活动成果的工具。因此，无论是在集体教学、区域活动还是在日常生活中，师幼之间和幼儿之间应经常用语言进行交流讨论。这样，幼儿的词汇水平会更加丰富，同时在语言交流的过程中幼儿的思维会变得更加活跃，这有利于他们掌握相应的概念和进行判断推理的过程，促使其思维从具体形象思维逐渐发展为抽象逻辑思维。不要放过在游戏、参观、散步等日常生活中跟孩子对话的机会，帮助孩子正确认识事物，掌握相应的词汇，教他们说话，以培养他们会用规范的语言表达自己认识的能力。只有这样，才能促使孩子的思维从具体情境中解放出来，在具体形象思维发展的基础上向抽象逻辑思维转化。

拓展阅读：具象思维①

具象思维理论的形成以1994年《禅定中的思维操作——剖析佛家气功修炼的心理过程》的出版为标志。而2005年被正式写入新世纪全国高等中医院校规划教材，使其成为中医学术体系的组成部分。

具象思维理论认为，思维是个体对其意识中的映像资料进行有目的加工（构建、运演、判别）的操作活动。

具象思维是直观动作思维的延伸发展与超越，具象思维形式的发生和发展具有不同的层次。婴儿时期的直观动作思维与成人高度发达的技术思维或操作思维都属于具象思维，因为其映像资料是感觉、动作物象。但两者都是低层次的具象思维，因为意识中物象的形成与变化是被动的，物象的运演要完全地依赖于它所反映的事物情境的变化。高层次的具象思维要求主动构建和运演物象，即可以自主地驾驭

---

① 魏玉龙，夏宇欣，吴晓云，等.具象思维与具身心智：东西方认知科学的相遇[J].北京中医药大学学报,2013,36(11):732-737.

物象。对大多数人来说，这种高层次具象思维能力是有待开发的，是需要学习必要的操作程序、经过反复练习之后才能够掌握并加以运用的。

通过学习对物象进行主动运演的操作程序并反复训练，个体可以发展出在本质上超越直观动作思维的具象思维能力。这就为思维的抽象形式与具体形式之间的发展性关系提供了一个值得探讨的新视角。

具象思维是独立的思维形式，依据意识中物象资料自身属性的不同，具象思维又可以划分为感觉思维、情绪思维和动作思维3个分支，其中动作思维是人类各种思维形式演变和发展的基础，并可从最初的直观动作思维发展演变为心源的、想象的具象思维及物源的、想象的具象思维。由于具有心源的和（或）想象的操作特征的具象思维实现了意识对物象的主观变革与加工，因此是一种能够按思维目的的要求对物象进行主动加工的思维活动，故可成为并列于抽象思维与形象思维的独立思维形式。

以上对高层次具象思维形式的阐述恰好为如何在高度发展的水平上运用直观动作思维提供了理论依据。在此基础上，在个体得以熟练运用具象思维的前提下，人们日常在进行思维活动时，必然是形象、抽象与具象3种思维形式交叉并用，且在不同的问题情境中会以不同的思维形式为主导。

反思探究

（1）思维和想象的区别是什么？

（2）试从概念、判断、推理等方面分析学前儿童思维形式的发展特点。

（3）举例说明如何培养儿童的想象力。

（4）观摩一节幼儿园大班的教学活动课或科学活动课，总结教师是如何启发幼儿的积极思维活动的。

（5）设计一个促进学前儿童语言发展的活动方案。

第七章 学前儿童言语的发展

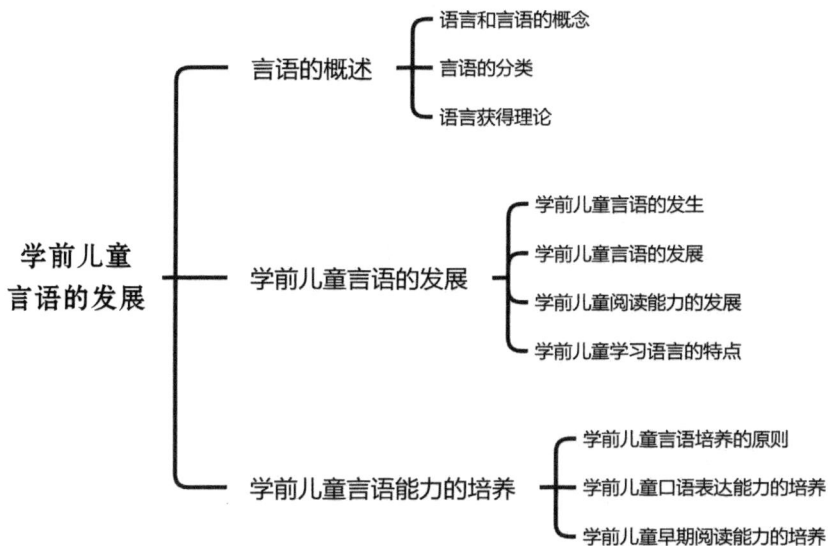

学前儿童言语的发展

言语的概述
- 语言和言语的概念
- 言语的分类
- 语言获得理论

学前儿童言语的发展
- 学前儿童言语的发生
- 学前儿童言语的发展
- 学前儿童阅读能力的发展
- 学前儿童学习语言的特点

学前儿童言语能力的培养
- 学前儿童言语培养的原则
- 学前儿童口语表达能力的培养
- 学前儿童早期阅读能力的培养

（1）引导学生理解学前儿童言语发展的规律，树立科学的儿童观和发展观。

（2）理解言语的功能和言语获得理论。

（3）理解并掌握学前儿童言语发展的特点。

（4）掌握并能运用学前儿童口语培养策略。

案 例 导 入

一天早上小杰起床时，自己穿好了衣服。妈妈看见了很高兴，夸奖他说："真不简单！小杰都会自己穿衣服了。"但出乎妈妈意料的是，小杰大哭起来，喊道："我简单！我简单嘛！"

为什么小杰听到妈妈的表扬，反而会大哭起来呢？因为小杰对"不简单"这个词作了笼统的理解，他并不理解"简单"的含义，加之妈妈经常批评他"不听话"等，他以为凡是带"不"字的都是不好的评价！那么学前儿童的言语发展是什么样的呢？学习这一章内容，你将会对学前儿童言语的发展有详细的了解。

第一节　言语的概述

一、语言和言语的概念

语言是一种社会现象，是音义统一的全民性交流工具。人们借助语言这个特有的工具进行相互交流和了解。斯大林说过："语言是工具、武器，人们利用它来互相交际，交流思想，达到相互了解。"语言是社会历史的产物，随着人类社会的产生而产生，亦随着人类社会的发展而发展。每个民族都有自己通用的语言，如汉语、英语和俄语等。

言语指人们用语言进行交际的活动和过程，包括言语的表达和言语的感知与理解两方面。言语的表达指个体用口头或书面的方式运用语言的过程。言语的感知与理解指个体通过感觉器官接受和理解别人运用语言的过程。言语不同于语言，它是个体自身进行的活动。人们平常的讲话、讨论、演讲和写作等都属于言语活动。可见，语言是一种交际的手段，而言语则是交际过程本身。

严格地说，言语和语言的概念是不同的，但是言语和语言又是不可分的。一方面，言语活动是依靠语言作为工具进行的。儿童不掌握语言，他的言语活动也就没法进行。儿童掌握语言的水平，也影响他的言语活动水平。另一方面，语言是在人们的言语交流活动中形成和发展的，如果某种语言不再被人的言语活动所使用，它就会从社会中消失。儿童如果没有言语活动的机会，也就不能掌握语言。

二、言语的分类

（一）外部言语

外部言语是进行交际的言语，又分为口头言语和书面言语。

1. 口头言语

（1）对话言语。它是一种最基本的言语形式，是指两个或以上的人直接进行交际时的言语活动，如聊天、辩论、讨论等。

（2）独白言语。它是指一个人独自进行的、较长而连贯的言语，如演说、作报告、讲课等。

2. 书面言语

书面言语指个体借助文字来表达自己的思想或借助阅读来接受他人言语影响的言语活动。它的出现要比口头言语晚得多。文字是书面言语的载体，只有当文字出现之后书面言语才被人们掌握和运用。幼儿书面言语的发展，与其对文字的识别和书写是分不开的，因此，幼儿阶段书面言语发展的重点是识字。书面言语具有随意性、开展性和计划性的特点。

（二）内部言语

内部言语是一种自问自答的言语活动，或者一种不出声的言语活动。它是在外部言语的基础上产生和发展的。一般认为，6岁左右是内部言语的形成时期。成人应该将幼儿出声的自言自语发展为真正的内部言语。人们平常说"打腹稿"（指在内心酝酿即将表达的思想）就是内部言语的典型表现。内部言语虽然不直接用来与他人交际，但它的参与是人们顺利进行言语交流的保障。内部言语具有隐蔽性和简略性的特点。

三、语言获得理论

一直以来，学术界和教育界对学前儿童语言究竟是先天具有还是后天习得的有较大的争论。影响最大的有三个理论：先天论、环境论和相互作用论。

（一）先天论

先天论者认为，人类习得语言是生理上预先设定好的。这种主张的代表人物是乔姆斯基。乔姆斯基认为，全人类共有一种基本的语言形式，即语法结构。基于语言的这种普遍性，乔姆斯基假定，人类天生就有一种语言习得装置（Language Acquisition Device，LAD），外界输入给婴儿的原始语言材料，通过LAD进行复杂加工构成语法规则，转换成婴儿内在的语法系统。由此可见，乔姆斯基提出的语言发展先天论极其强调先天过程和生物机制，语言习得必然具有某种强的生物基础，否则幼儿不可能如此快速地习得语言。

乔姆斯基原来的理论认为，可用两类结构来描述语言：一类是语言的表层结构，由支配单词和短语排列方式的规则构成，这类结构可能随语言而异；另一类是语言的深层结构，指的是人类所拥有的先天规则，它构成任何语言系统的基础。语言习得需要某种语言分析机制，乔姆斯基称其为语言习得装置。儿童在任何时候听到语言，假设中的脑机制便开始形成某种转换语法，将该语言的表层结构翻译成儿童能理解的深层结构。不过，近一二十年来，乔姆斯基自己的理论也经历了许多变化，但是其关于语言习得的一般理论观点却没有发生实质性的变化。他的理论仍然坚信儿童拥有先天学习语言的能力，他对语言习得机制提供了更为详尽的阐述。

（二）环境论

盛行于 20 世纪 20—50 年代的环境论强调环境和后天学习对语言的获得有决定性的影响，认为语言是一种后天获得的行为习惯，是学习的结果。环境论可分为两派：一派是以美国行为主义学派的斯金纳为代表提出的强化理论。他认为，语言像任何其他的行为一样，都是通过操作条件作用获取的。语言是一系列对刺激的反应，语言的获得是刺激—反应—强化的过程。例如，当婴儿发音的时候，养育者就用赞美的目光或言语等反馈来积极强化那些像词汇一样的声音。通过这种强化的方法，婴儿逐渐掌握了某种语言。另一派是以阿尔波特为代表的模仿理论，该理论认为儿童语言的获得只是对成人语言的模仿，是依赖于对一种特殊模式的接触。后来，怀特赫斯特（Whitehurst，1975）等提出了"选择性模仿"的概念，他们认为儿童学习语言并非对成人语言的机械模仿，而是有选择性的。该理论充分肯定了后天学习对儿童语言发展的重要性，对后来的学前儿童语言发展教育产生了非常重要的影响。

（三）相互作用论

20 世纪六七十年代以来，以瑞士心理学家皮亚杰为代表的日内瓦学派提出了认知相互作用理论，该理论认为语言发展必须以最初的认知发展为基础，并通过同化和顺应过程用熟悉的形式去理解不熟悉的话语（言语理解），用熟悉的结构去创造新的用法（言语产生）——与认知发展整合在一起。该理论认为儿童语言的获得离不开生理的成熟，又必须有一定的认知基础，离不开认知发展和不断变化的语言环境之间复杂的相互作用，强调认知结构的动态建构过程。持相互作用论观点的学者认为，生理成熟为儿童提供了掌握语言的可能性，认知发展是语言发展的基础，而语言环境对语言发展又起到一个支持性的作用。生物、认知和社会经验在语言的每个组成方面发挥着各自的作用。相互作用论很好地克服了先天论和环境论的不足，克服了静止、片面看待语言的发展的观点，但是我们也应该看到相互作用论忽略了社会性因素对儿童语言发展的作用，或者说没有将社会性因素从认知中区分开来。

从以上三种言语获得理论中可以看出，面对儿童言语发展这一重要而复杂的问题，只依照某一种理论来指导实践是片面的、不完善的，甚至是有害的。我们应采纳各种理论的合理因素，用来指导儿童的语言教学，促进儿童语言的发展。例如，为儿童创设良好的语言环境，把儿童置于交际的场合；树立良好的语言示范，防止儿童模仿不正确的发音、语法和言语结构，以免儿童养成不良的言语习惯；根据儿童语言自身的发展顺序，有目的、有计划地组织好语言教学，不断提高儿童的各种语言技能。耐心对待儿童独创的言语形式，不要轻易制止或机械地一句句地纠正，而要积极引导，从而激发儿童语言活动的主动性和创造性。

第二节　学前儿童言语的发展

一、学前儿童言语的发生

（一）学前儿童言语的准备（0—1岁）

言语发生的准备包括三个方面的内容：发音的准备、语音理解的准备和言语交际能力的准备。

1.发音的准备

卡普兰认为婴儿的发音准备大致经历了四个分阶段。

（1）第一阶段：哭叫。哭叫是儿童最初的发音，也是最明显的发音。从婴儿的哭叫声可以分辨出生理发育中的某些问题，如营养缺乏等。也可以从哭叫声中区分婴儿不同的状态。因此，哭叫声是婴儿生理和心理状态的有效表达信号。

（2）第二阶段：咕咕叫。出生1个月左右，婴儿的哭叫声开始分化，出现"uh""eh"等声音。这些声音既在哭叫时发出，也在非哭叫时发出。这些声音不像哭叫声那么明显，似乎是对发音器官的联系使用，它可在哭叫时随发音器官的活动而吐露出来；也可以在婴儿不哭醒着时伴随身体运动，特别是头部的扭动而发出，并向着由某些元音相结合、这些元音与某些辅音相结合的咿呀作语声转化。

（3）第三阶段：咿呀作语。咿呀作语声与哭叫声不同，它是婴儿无痛苦通信的第一个重要信号，基本上是传递婴儿舒适状态的信息。在此期间，婴儿的发声使发音器官得到了练习，从而能发出更多的元音和辅音，并出现元音与辅音相结合的音节。还有人在对婴儿的咿呀声进行了研究以后认为，从2—3个月大开始，当婴儿吃饱了而且身上舒服的时候，就发出一种咿咿呀呀的声音，像ái—ái、éi—éi、a-a-a、e-e-e、ou-ou-ou、héi-héi等，6个月左右大的婴儿能发出更多的语音，如ma-ma、ba-ba、da-da、na-na等。这时人们发现，婴儿用不同的声音表示不同的情绪。例如，婴儿哭的时候，由于哭的原因不同（如饥饿、疼痛、假哭），常常夹杂着一些不同的声音，有经验的母亲常常从婴儿哭的声音中就能辨别出婴儿哭的原因。

（4）第四阶段：规范化语音。10个月左右大的婴儿从大量发出的音节中，在咿呀作语的过程中保存下来一部分语音，构成最初的词语音素。1岁幼儿不但能发出连续的音节，音调也接近真正的言语音调，模仿和重复增多，某些音节与实物发生联系，词语开始出现。

在成人的教育下，婴儿渐渐能够把一定的语音和某个具体事物联系起来，用一定的声音表示一定的意思。虽然此时他们能够发出的词音只有很少几个，但能开口说话了。

2.语音理解的准备

（1）语音知觉能力的准备。婴儿对言语刺激是非常敏感的，出生不到10天就能区分语音和其他声音，并对语音表现出明显的"偏爱"。近期的研究又发现，几个月大的婴儿还具有语音范畴知觉能力：能分辨两个语音范畴之间的差别（如"b"和"p"），但对同一范畴之内的变异予以忽略。

（2）语词理解的准备。8—9个月大的婴儿已经能"听懂"成人的一些言语，表现为能对成人的言语作出相应的动作反应。但这时，引起婴儿反应的主要是语调与整个情境（如说话人的动作表情等），而不是词的意义。如果成人同样发这种词音，但改变语调和言语情境，婴儿就不再有反应。相反，语调不变而改变词音，反应还可能发生。

3.言语交际能力的准备

（1）产生交际倾向（0—4个月）。约2个月大时，婴儿会用表情、动作或不同的声音表达不同的情绪，表现出明显的交际倾向。

（2）学习交际规则（4—10个月）。此阶段的婴儿对成人的话语逗弄给予语音应答，还出现与成人轮流"说"的倾向，言语交际已有明显的"社会性"成分。

（3）扩展交际功能（10—18个月）。婴儿能够通过一定语音和动作表情的组合，使语音产生具体的言语意义。这个时期的婴儿有坚持表达个人意愿的情况，开始创造相对固定的"交际信号"，能较好地理解言语的交际功能，能借助言语发音和体态行为与人交往，发展起真正的言语交际能力。

（二）学前儿童言语的形成

从1岁起，婴儿已经能模仿发音，并能听懂成人简单的言语，此时的婴儿进入了正式学习言语的阶段。儿童言语发展的基本规律是先听懂，后会说。

1—1.5岁，儿童理解言语的能力发展很快，在此基础上，开始主动说出一些词。2岁以后，儿童言语表达能力迅速发展，逐渐能用较完整的句子表达自己的思想。

学前期，儿童口语的发展可分为两个大的阶段。

1. 不完整句阶段

（1）单词句阶段（1—1.5岁）。儿童言语发展的基本规律是先能听懂然后才会学说。儿童在1—1.5岁所用的词不是单独和某种对象相联系，而是和某种情境相联系。此阶段儿童言语的发展主要反映在言语理解方面。

这一阶段儿童说出的词有以下特点。①单音重叠。这阶段的孩子喜欢说重叠的字音。如"饭饭、菜菜、衣衣"等，还喜欢用象声词代表物体的名称，如把汽车叫作"呜呜"，把小狗叫作"汪汪"。②一词多义。由于这个年龄的孩子对词的理解还不精确，说出的词往往代表多种意义，故称为多义词。例如，见到狗，叫"汪汪"，见到带毛的东西，如毛手套、毛领子一类的生活用品，也都叫"汪汪"。③以词代句。这阶段的孩子不仅用一个词代表多种物体，而且用一个词代表一个句子，因此这阶段称为"单词句"时期。例如，孩子说出"拿"这个词，有时代表他要拿奶瓶，有时代表他要拿玩具，还有时代表他要拿别的孩子手里的食物。

（2）电报句阶段（1.5—2岁）。1.5岁以后，孩子言语有了爆发式的进展，可以不断地从早讲到晚。这一阶段儿童言语的发展主要表现在开始说由双词组合在一起的句子。如"娃娃乖乖"等。这种句子的表意功能虽较单词句明确，但其句子结构不完整，好像成人的电报式文件，故也称为"电报句"或"电报式语音"。

2. 完整句阶段（2岁以后）

2岁以后，儿童开始学习运用合乎语法规则的完整句更为准确地表达想法。许多研究表明，2—3岁是幼儿口语发展的关键时期。成人要为幼儿创造良好的言语环境，那么这一时期将成为言语发展最迅速的时期。

二、学前儿童言语的发展

学前儿童言语的发展可以表现在三个方面：言语形式、语义获得及口语表达能力的发展上。

（一）学前儿童言语形式的发展

言语形式是指儿童言语中的约定俗成的符号系统和系列规则。儿童对言语形式的获得包括对语音和语法的获得。

1.语音的发展

语音的发展主要表现在以下两个方面：

（1）逐渐掌握了本族语言的全部语音。1—1.5岁的儿童开始发出类似成人说话时用词的音。到6岁时，儿童已经能够辨别绝大部分母语中的发音，也基本上能发准母语的绝大部分语音。

随着儿童年龄增长，发音器官日渐成熟，语音的准确性也越来越高。3—4岁是儿童语音发展的飞跃阶段。研究表明，4岁是语音准确性进步最快的年龄。以普通话发音为例，4岁时，城市儿童声母发音准确率约为97%，而3岁时约为66%；4岁时韵母发音准确率为约100%，而3岁时约为66%。

（2）语音意识的形成。儿童要学会正确发音，必须具备两个方面的能力：一方面，要有精确的语音辨别能力；另一方面，要能控制和调节自身发音器官的活动。儿童开始能自觉地辨别发音是否正确，自觉地模仿正确发音，纠正错误的发音，就说明对语音的意识开始形成了。

2.语法的发展

（1）语句的发展。学前儿童说的句子从不完整逐渐向完整发展，其句法结构的获得大致呈现以下规律。①从笼统到逐步分化。儿童在掌握语言的过程中，语句逐渐分化。例如，最初的单词句阶段，一个词可以代表多种含义，"妈妈"可以表示呼唤妈妈，或是要求妈妈帮他捡起某样玩具等。

随着年龄的增长，儿童的语词逐渐分化。②从不完整到逐步完整。最初的单词句只是一个简单的词链，不是体现语法规则的结构。3.5岁以前儿童的话语常常漏缺主要词，词序紊乱。3.5岁以后出现较多复杂语句。例如，运用介词"把"："他们把绳子接起来跳。""把"字前后的两个名词的关系以及第二个名词与紧接着的动词的关系，都受严格的限制，不能任意调换和删除。到五六岁时，儿童的关联词比较丰富，但还常常用得不恰当。③从压缩、呆板到逐步扩展和灵活。儿童最初的语句结构是由压缩、呆板的词语组成，随着生活经验的丰富和词汇的积累能加上简单修饰语，后来能加上复杂修饰语，最后达到简单修饰语的灵活运用和语句中各种成分的多种组合。例如，"叭叭呜—还要叭叭呜—嘀嘀""叭叭呜去找妈妈—找妈妈坐飞机—我和爸爸坐飞机找去了—要到暑假，我才能和爸爸坐飞机去找妈妈"。儿童句法结构的发展在4—4.5岁较为明显，5岁儿童语句结构逐渐完善，6岁时水平显著提高。

（2）语法意识的出现。儿童掌握语法结构，主要是通过日常生活中的言语交流、模仿成人说话而进行的。儿童对语法结构的意识出现较晚。

儿童的语法意识是从4岁开始明显出现的，主要表现为儿童会提出有关语法结构的问题，逐渐能够发现别人说话中的语法错误等。当然，他们不是根据语法规则的知识去发现错误的，只是由于这些错误说法使他们听起来感到"刺耳"，不符合其语言习惯。

（二）学前儿童语义获得的发展

1.对词义的获得

从部分的、个别的语义向掌握全面的语义特征发展。儿童对词的最初理解是部分的，只是掌握了词的个别的语义，出现了理解词的"泛化"和"窄化"现象。随着年龄的增长，逐渐向掌握词的全面语义发展。

从一个词的单义向多义发展。儿童最初只能掌握词的本义，不能理解词的转义，随着年龄的增长，儿童对词的理解逐渐由单义向多义发展。

2.词汇量发展的特点

一般而言，学前儿童只掌握基本的口语词汇，他们对词汇的掌握主要表现在词汇数量的增加、词类范围的扩大，以及对词义理解的确切和加深等方面。

（1）词汇量发展的阶段。第一阶段：婴儿从9个月开始真正理解语言。第二阶段：1—1.5岁的幼儿头脑中关于词和具体事物情境的联系越来越多，能理解更多的词和简单的句子。理解和使用新词常出现词义泛化、词义窄化、词义特化现象。第三阶段：1.5—2岁是幼儿言语发展最迅速的时期，也是幼儿掌握词汇的第一个关键时期。词汇量迅速增加，出现"词语爆炸现象"。理解能力不断提高，能摆脱具体情境制约来理解词语。第四阶段：2—2.5岁的幼儿词汇量迅速增加，对言语的理解力迅速提高，词的泛化、窄化和特化现象明显减少，对词义的理解日益加深，对词的概括程度进一步提高。幼儿求知欲强烈，对新词感兴趣。

（2）词汇量的增加。词汇量是儿童言语发展的标志之一。学前儿童的词汇量随着年龄的增加而增加。1岁左右，儿童才开始说出词，到入学前，儿童已能掌握基本的口语词汇。研究表明，4—5岁是儿童词汇量增长的活跃期。国外早期的学前儿童词汇量的研究结果是，3岁儿童的词汇量可达100个，6岁可达2500～3000个。根据朝鲜学前教育大纲的规定，要求5岁儿童的词汇量达2000～3000个。我国近年来的研究表明，3—4岁儿童的词汇量约为1730个，4—5岁约为2583个，5—6岁约为3562个，该研究说明，4—6岁是词汇增长的活跃期，4—5岁较3—4岁增长49.3%，而5岁后增长的速度已有所下降，5—6岁与4—5岁相比增长率为37.9%。

（3）词类的扩大。随着年龄的增长，儿童不仅词汇量增多，同时掌握的词的种类也不断扩大。儿童先掌握的是实词，其中最先和大量掌握的是名词，其次是动词，再次是形容词。在实词中，儿童掌握的顺序是名词—动词—形容词。对其他实词如副词、代词、数词掌握较晚。儿童对虚词如连词、分词、助词、语气词等掌握也较晚。在各类词中，儿童使用频率最高的是代词，其次是动词和名词。

3.对句义的获得

在语句发展过程中，对句子的理解先于说出语句。儿童在能说出某种句型之前，已能理解这种句子的意义。

儿童在理解自己尚未掌握的新句型时，常常根据自己从经验中总结出来的一些"规则"去理解它们。研究发现，儿童常用的理解句子的策略大致有如下几种。

（1）事件可能性策略。儿童常常只根据词的意义和事件的可能性，而不顾语句中的语法规则来确定各个词在句子中的语法功能和相互关系。例如，对"小明把王医生送到医院里"这个句子，相当多的儿童认为是小明生病了，王医生送小明去医院。因为在儿童看来，"小明"显然是个小朋友，在他们的经验中，医生是看病的而不可能生病，只有小朋友生病，医生送他去医院才合情合理。

（2）词序策略。儿童往往根据句子中词出现的先后顺序来理解词与词之间的关系。由于儿童经常接触的是主动语态的陈述句，于是他们形成了这样一种理解策略：句子中出现在动词前面的名词是动作的发出者，而其后面的名词则是动作的承受者，名词—动词—名词，即动作发出者—动作—动作承受者这样一种理解模式。而刚开始接触被动语态句时，儿童也习惯于用这种策略（模式）去理解它，结果出现理解错误，如把"小明被小强碰了一下"理解成"小明碰了小强"。儿童理解错误的原因是根据词的先后理解句子，这也是儿童不能理解被动句的原因。儿童以词出现的顺序来理解其意义的情况在其他句型中也有反映，如把"小班儿童上车之前大班儿童上车"，理解为"小班儿童先上车，大班儿童后上车"。

（3）非语言策略。儿童在理解句义，包括句中某些词的词义时，时常使用一些非语言（与语言本身无关的）策略。比如，在"李老师被小红背着去教室，他的腿跌伤了"这句话中，把"他"理解成小红。儿童理解错误的原因是根据生活经验理解句子。又如，有人发现，给小孩子一些玩具和可放置玩具的物品时，物品的性质和特征如何，直接影响儿童对指示语的反应。如果给他的物品是容器（盒子、箱子等），儿童倾向于把玩具放在它们的"里面",而不管指示语是"放左面""放上面""放旁边";如果物品有一个支撑面（如小桌），儿童则倾向于把玩具"放上面",尽管指示语是"放下面""放旁边"。前面谈到的事件可能性策略,也可以说是一种非语言策略,儿童是根据自己的经验而不是语言信息（尤其是语法规则）来理解句义的。

由此,教师应该根据儿童在词义和句义理解过程中的常见错误进行针对性教育。同时,教师在使用语言时,要注意自己语言的清晰完整。

（三）学前儿童口语表达能力的发展

随着词汇的丰富和语法结构的逐渐掌握,学前儿童的口语表达能力也逐步发展起来。具体表现如下。

1.从对话言语逐渐过渡到独白言语

口语可分为对话和独白两种形式。对话是两个人之间进行交谈,独白则是一个人独自向听者讲述。

儿童的言语最初是对话式的,只有在和成人共同交往中才能进行。3岁以前,儿童基本上都是在成人的帮助下和成人一起进行活动的,儿童与成人的言语交际也正是在这样一种协同活动中进行的。所以儿童的言语基本上都是采取对话的形式,而且他们的言语往往只是回答成人提出的问题,或向成人提出一些问题和要求。

到了幼儿期,由于独立性的发展和生活经验的积累,幼儿有了一定的表达自己思想的能力。这样,独白言语也就逐渐发展起来了。

当然,幼儿的独白言语刚刚开始形成,发展水平还很低,尤其在幼儿初期。在良好的教育下,五六岁的幼儿就能比较清楚地、系统地讲述所看到或听到的事情和故事了,有的幼儿甚至能够讲得有声有色、活灵活现。

2.从情境性言语过渡到连贯性言语

情境性言语是指2—6岁儿童的言语不能连贯地按一定的逻辑顺序进行,而是想到哪儿说到哪儿,还不时地加上手势、表情,甚至有时表现为口吃状态。这需要听者根据当时的情境、手势和表情,才能"听"懂的言语称为情境性言语。情境性言语是儿童言语发展的一个组成部分。它在儿童发音器官还没成熟和言语表达能力还不高时，对儿童与外界的交流起着很大的作用。但是过了4岁以后，随着儿童言语表达能力的提高，家长就应指导孩子逐渐突破情境性言语的束缚，努力使孩子的言语连贯起来。情境性言语只有在结合具体情境时，才能使听者理解说话人所要表达的思想内容，而且往往还需要说话人运用一定的表情和手势作为自己言语活动的辅助手段。

3岁前的儿童一般只能进行对话，不能独白，他们的言语基本上都是情境性言语。幼儿初期，虽然能够独自向别人讲述一些事情，但句子很不完整，常常没有逻辑，让听者感到很难理解。

一般来说，随着幼儿年龄的增长，情境性言语的比例逐渐下降，连贯性言语的比例逐渐上升。整个幼儿期都处于从情境性言语向连贯性言语过渡的时期。六七岁的儿童才能比较连贯地进行叙述，但其发展水平也不是很高。

3.讲述条理性逐渐提高

3岁以后的儿童讲述逐渐具有条理，主要表现为讲述的内容与主题紧密相关，并且层次逐渐清晰。幼小儿童的讲述常常是现象的堆积和罗列，主题不清楚、不突出。随着儿童的成长，其口头表达的逻辑性有所提高。

儿童讲述的逻辑性反映了思维的逻辑性。研究表明，对幼儿来说，单纯积累词汇是不够的，幼儿讲述的逻辑性的发展需要专门培养。

4.逐渐掌握言语表达技巧

随着年龄的增长和生活经验的丰富，儿童不仅可以学会清楚而有逻辑地表述，而且能够根据需要恰当地运用声音的高低、大小、快慢和停顿等语气和声调的变化，使言语表达更为生动形象。

在儿童言语表达能力的发展中，有人可能会产生一种言语障碍——口吃，表现为说话时不正确的停顿和单音重复，这是一种言语的节律性障碍。

学前儿童的口吃现象常常出现在2—4岁。导致口吃的因素有以下几种：

（1）生理原因。有研究表明：口吃与遗传或某种脑功能障碍有关，也与儿童的言语调节机能还不完善造成连续发音困难有关。随着年龄的增长，口吃会有所缓解。

（2）心理原因。因说话时过于急躁、激动和紧张造成的，如精神紧张、焦虑、应激。精神因素是引起口吃的主要原因。说话过程是表达思想的过程，从思想转换成言语的过程中，可能会因为找不到合适的词和更好的表达形式而感到焦急，这都会使儿童处于一种紧张状态，而这种紧张可能造成发音器官的痉挛，出现了发音停滞和无意识地重复某个音节的情况。

（3）生理疾病。儿童脑部感染、头部受伤以及患百日咳、麻疹、流感、猩红热等传染病后也易引起口吃。如果是这类原因引起的口吃，家长应该及时带儿童就诊，寻求医生的帮助。

（4）模仿。儿童的口吃常有很大的传染性，因为他们好奇心强、爱模仿，因班上某个孩子偶尔出现"口吃"会使他们觉得有趣儿、"好玩儿"而加以模仿，最后不自觉地形成习惯。据北京等地医院统计，参加口吃矫治的人中，有近2/3的人有幼年模仿口吃的历史。

三、学前儿童阅读能力的发展

学前儿童在识字前，已经具备阅读能力。只是他们的阅读材料不是文字材料而是图画材料，阅读的方式除了自己看以外，还可以借助成人的帮助来阅读。这样的阅读活动，是真正意义上的阅读活动的准备期，我们把它称为前阅读能力。学前儿童阅读能力的发展，大致经过三个阶段。

第一阶段是分析阶段。这一阶段的学前儿童，由于生活经验不足和理解能力限制，他们对图画的理解往往是单个的、局部的，对图画内容的表达常常是处在"给事物命名"阶段，即说出"这是什么，那是什么"。

第二阶段是综合阶段。这一阶段的学前儿童，在第一阶段的基础上，开始能够把图画上的内容经过组织后表达出来。从表达内容看，不再是对事物进行命名，而是能够表达图画中事物之间的联系，表达开始带有情境性。但他们的表达还不连贯，还不能准确而迅速地把看到的内容表达出来。

第三阶段是分析综合阶段。在第二阶段的基础上，学前儿童阅读画报时，开始能够完整地理解画面的内容，能够把看到的和说出的统一起来，从而达到把看到并理解了的图画内容准确而迅速地说出来的程度。这一阶段的表达不仅具有情境性，而且具有连贯性，表现为流畅表达。

四、学前儿童学习语言的特点

（一）生活性和情境性

学前儿童学习语言从婴儿时期开始就不能离开一定的环境，特别是离不开环境中成人的影响，成人尤其是家长，在日常生活中的语言是学前儿童首要学习的内容。

幼儿期间学习的语言在幼儿一生中的影响应该说是最持久的。由此，可以理解狼孩之所以首先学会的语言是狼的嚎叫，是因为其在生长环境中是以狼群为伴的。

（二）模仿性和创造性

模仿是婴儿学习的一种特殊方式。婴儿出生后就能看和听，这是人类的一种先天能力，看和听的经验在婴儿大脑中积累，产生了注意、记忆和知觉；反过来，婴儿又通过自身的动作活动，反映他们看到的和听到的，这就是模仿。玛尔佐夫和穆尔对新生儿模仿行为的拍摄记录表明12—21天的新生儿就具有模仿行为，后来的一系列研究表明，5—6个月大的婴儿出现了有意向的模仿，10—12个月大的婴儿只对他理解的动作和对他有意义的动作做出模仿，这种模仿行为在性质上的改变，说明了新生儿早期的模仿反应只是一种不随意的自动化反应，它随着大脑皮质的发展，被以后有意的模仿所取代。婴儿学习语言也主要是通过模仿的方式完成的。随着年龄的增长和生活经验的积累，学前儿童逐渐可以创造性地表达自己的语言，但由于知识经验的限制，学前儿童创造的语言很多不能被成人所理解。

拓展阅读：幼儿两种语言的学习差异①

幼儿第一语言的掌握主要是通过习得这一途径，即它的学习常常是一种无意识的过程，语言习得者（幼儿）通常并没意识到自己在学习一种语言（母语），而只知道在自然的交际中或多或少地运用这种语言。

幼儿第二语言（外语）的掌握主要是通过学习。这里，幼儿是在有意创造的一种语言环境中学习。作为学习的主体——幼儿，必须通过成人有意识地强化，才能了解、把握语言的基本语音、语义、语法结构和语法规则。

许多研究认2—3岁是幼儿初学说话的关键期，如果有良好的语言环境，这一时期将成为言语发展最迅速的时期。一般说来，幼儿在最初两三年时间里已经初步掌握了本民族的基本语言。

关于第二语言获得关键期的认知神经心理学研究主要探查第二语言的获得年龄是否影响被试表征和加工第二语言的神经系统。沃腾伯格（Wartenburger）等使用fMRI探查了第二语言获得年龄对双语被试进行语法和语义判断的大脑皮质活动的影响。结果发现，第二语言的获得年龄主要影响第二语言语法加工的皮质活动，学习年龄早（6岁前）的被试加工母语和第二语言语法时大脑活动没有明显的差异，而学习年龄晚（12岁后）的被试在加工第二语言语法比加工母语语法激活了更广泛的脑区。

因此，学前儿童对第二语言的学习，不仅是可能的，而且是必要

① 周念丽.学前儿童发展心理学[M].3版.上海：华东师范大学出版社,2014:164.

的。如果到学龄期后，等到母语的学习从发音到书写、从外部语言到内部都已趋于成熟时再学习第二语言，这时的语言中枢已经形成了一整套控制模式，而且该控制模式已完全与母语的各种特点相协调；在这种情况下，再接受一种与母语完全不同的另一种语言，这个语言中枢很难接受，学习起来就显得费时费力。

第三节　学前儿童言语能力的培养

一、学前儿童言语培养的原则

（一）顺应学前儿童自然天性的原则

卢梭在《爱弥尔》中主张儿童的教育应顺应自然，尊重儿童天性。卢梭认为教育应该遵循自然，顺应孩子的天性，让孩子自由自在地成长。大自然希望儿童在成人以前就要像儿童的样子。如果我们打乱了这个次序，就会培育出一些早熟的果实，它们长得既不丰满也不甜美。儿童语言发展有自身的规律，如前面提到的儿童语音的发展是从简单音节到连续音节再到模仿发音。又如，儿童说话句型的发展是从不完整句向完整句，从简单句到复合句，从无修饰句到有修饰句，从陈述句到非陈述句。因此，在对学前儿童进行语言教育的过程中，我们应该尊重学前儿童语言发展的自然规律，循序渐进地对他们进行引导，不要揠苗助长。

（二）尊重学前儿童兴趣的原则

学前儿童所具有的年龄特点和认知结构决定了他们对事物的理解具有形象性和直观性的特点。再加上每个学前儿童具有不同的家庭背景，有着不同的生活经验和生活环境，他们性格特点不同，发展水平和发展速度不同，存在明显个体差异，因此，儿童所具有的兴趣不同。这样我们可以理解每个儿童都有他们特别喜欢的东西，男孩子大多喜欢球类、车类等玩具，而女孩子则大多喜欢洋娃娃类的玩具，但也有的孩子喜欢大人的某些东西，如高跟鞋、发夹等。学前儿童的兴趣反映在语言上就是喜欢用语言表达自己的兴趣倾向，如男孩喜欢讨论军人打仗之类的话题，女孩则喜欢讨论过家家之类的话题。教师不能以自己的兴趣限制学前儿童的思维，强迫学前儿童接受自己喜欢的语言。

（三）赏识学前儿童语言发展的原则

瑞吉欧有句名言："接过孩子抛来的球！"学前儿童的世界是一个充满可能性的世界，作为孩子的大朋友、大伙伴的教师，就必须在孩子的活动过程中，学会倾听孩子的声音，理解孩子的所思所想所为，走进孩子的心灵，知道孩子的"一百种语言"，然后才能欣赏孩子。在现实生活中，有的幼儿教师会用成年人的眼光看待幼儿，把幼儿看作"小大人"，以成人的思维去评判幼儿，常常按照自己的主观意愿去安排幼儿的学习内容。在语言教育中，我们也听见过教师指责儿童的声音，"你不能这样讲""你这样讲是错误的""跟着老师再说一遍，这次一个字也不能读错"。因此，幼儿教师应该学会赏识儿童的语言，欣赏他们奇思妙想的语言。

二、学前儿童口语表达能力的培养

（一）0—3岁婴幼儿口语表达能力的培养

1.为婴儿提供良好的言语示范和榜样

罗斯等人（1959）和威斯伯格的研究表明，成人对3个月以内的婴儿给予频繁的语言刺激，可以增加婴儿的发音率。

婴儿自控性发音，特别是长时间的连续发音，往往都是在成人的逗弄下发生的。用各种声音来刺激婴儿，培养婴儿有意倾听的习惯，让婴儿进行模仿发音练习。同时，用强化、鼓励方法进行相互模仿，诱导婴儿发音。这里要注意提供给婴儿的声音应该是多种多样的，但是应该避免噪声。

2.创设丰富的语言环境，帮助幼儿掌握新词，扩大词汇量

（1）用动作、实物配合法，建立语词和实体之间的联系。要使幼儿有良好的语言表达能力和理解能力，能够描述自己的想法，能够从别人说话中获得更多的知识，就要用动作、实物配合法，建立语词和实体之间的联系。比如，说到"苹果"这个词语时，家长就应该把苹果的实物呈现在幼儿的面前。说到"跳舞"这个词语时，家长就应该马上表演出跳舞的动作，并不断重复说："宝宝快看，妈妈是在跳舞了，这是跳舞。宝宝要不要跳舞呀？"可以随即让幼儿挥舞一段。通过这样的方式，幼儿会逐渐理解什么是跳舞，可以把"跳舞"这个词语同动作联系起来。

（2）经常与孩子"交流"，提供丰富的语言环境。婴儿不到3个月就开始有了简单的发音，能喃喃自语，重复地发出一些具有婴儿个人创造性的音来。家长要经常跟婴儿交流，慢慢地跟婴儿聊天。家长在单独同婴儿聊天时，可以把自己的所见所闻告诉婴儿，以引发婴儿对周围事物的关注。家长是婴儿言语交流的榜样，家长应该积极地关注婴儿对语言的反应。一岁以后，家长要让幼儿在家庭中有发言表达的机会。家长可以组织家庭聚会，把家庭成员组织起来聚在一起同幼儿聊天，问他（她）一些简单而又有趣的问题，让幼儿感觉到大人对他的关注和让他参与到大人的讨论中来了。在与幼儿交流时，应用心倾听他的表达，不时给幼儿鼓励和赞许的目光。

（3）运用强调和重复的方法，帮助幼儿掌握新词。教幼儿新词时，只有和具体的事物形象联系起来，才能让其理解新词的意义。此年龄段幼儿理解语言的能力提高了，家长可结合幼儿已有的经验，用简单的语言解释新词所代表的概念。例如，用"好看"解释"美丽""漂亮"等，用"不好看"解释"丑陋"，在解释的时候语气应加重，并且不断重复。比如，"我们刚才说了，美丽是什么意思呀？好看！""对了，宝宝记忆力真好！"

3.开展早期阅读，培养良好的阅读习惯

对于学前儿童来说，阅读是一个相当宽泛的概念，除文字外，图画、成人的语言都是他们的阅读材料，都是他们进行文字阅读的基础。学前儿童触摸书籍、听成人讲故事、自己复述故事、发表自己对故事的意见都属于阅读的范畴。可以说，所有有助于学前儿童学习读的活动行为，都可以称为阅读。

研究表明，婴儿在出生后不久即满月以后，就可以接受阅读教育，并出现早期阅读的兴趣和行为。家长可以在跟婴儿说话时，选择一些适合婴儿年龄阶段的图片，边看图片边告诉婴儿图片上的事物。对于一些具有简单故事情节的图画书，家长应该耐心地边指导婴儿观看边用简洁的语言为婴儿讲解，还应该用自己的手拉着婴儿的手在图片上指读，指到哪里就讲到哪里。在这个过程中，不应贪图为婴儿读得越多越好，应该关注婴儿的兴趣，如果婴儿注意力已经转移，家长就没必要继续读了。

拓展阅读：亲子共读①

亲子共读，又称亲子阅读，是指在家庭中大人与孩子一起阅读。从阅读活动的内容来看，除了核心的阅读活动外，亲子阅读可以从选书的时候开始，一直到读后的交流，形成一个"选书—读书—聊书—再选书—再读书……"循环立体的过程。

从共读的形式上看，亲子共读可以是大人读给孩子听，也可以是孩子读给大人听，也可以是大人读给大人听，也可以是孩子读给孩子听，也可以是自己读给自己（默读或读出声音）；除了"读"的形式，还可以有表演、图画、手工、实验等多种形式，重要的是大人与孩子一起享受这个过程。

因此，从广泛的意义上说，亲子共读可以理解为大人与孩子共同分享多种形式的阅读过程。

---

①刘新学,唐雪梅.学前心理学[M].2版.北京:北京师范大学出版社,2014:139.

4.开展听音和发音游戏

0—3岁幼儿阶段最适宜家长和幼儿之间展开亲子游戏,以训练幼儿的听音和发音能力。

(1)唤名游戏。家长在每次靠近婴儿的时候都可以用不同的语调呼唤他的名字。如果你坚持每天靠近他的时候都叫他的名字,用不了多久,婴儿便会在你每次呼唤他名字的时候给你积极的回应。同时,家长可以以多种方式对婴儿的回应予以鼓励,如给他一个拥抱,并亲吻他。

(2)发音游戏。家长可以一边抱着孩子一边发出一些简单的韵母音,如"a、e"等。家长可以作出比较夸张的发音方式以引起孩子的兴趣,让孩子触摸发音器官。家长还可以用比较轻柔的声音呼唤孩子的名字,然后用目光注视他,并开始发出"a"的声音,接着再微笑地抚摸他。这时候,家长要耐心地等待孩子的反应。如果他真的发出了声音,那么家长应该及时地重复他的声音,并且反复和他进行这种游戏,婴儿就会很快学会模仿家长的声音并发出近似的声音。

(3)摸脸游戏。2个月左右的婴儿的视力,只能看清15～20厘米范围内的物体,刚好能使婴儿在母亲抱他或喂奶时看清楚母亲的脸,这是婴儿出生后最初几个月中最重要的目光交流。母亲可以一边喂奶,一边握住婴儿的小手,让他的手摸母亲的脸,并告诉他摸到的是什么。如果摸到嘴巴,母亲就看着婴儿并告诉他:"嘴巴,嘴巴,这是妈妈的嘴巴。"如果摸到耳朵就对他说:"耳朵,耳朵,这是妈妈的耳朵。"练习几次后,这个游戏还可以扩展到让全家人都参与。如让婴儿摸摸爸爸的脸,并告诉他:"这是爸爸的脸。"让婴儿摸摸爷爷的鼻子,并告诉他:"这是爷爷的鼻子。"在这样的游戏活动中,婴儿不仅心情十分愉快,而且慢慢地会理解所感知到的物体与相应语言之间的关系。

(4)身体器官游戏。当婴儿开始发现自己身体的各部分都是属于自己的时候,他们就开始进入了自我认知阶段,形成了初步的自我概念。婴儿经常会咬自己的手指和脚趾,家长可以经常和孩子做手指操,一边做操,一边唱儿歌。这样的练习对提高婴儿听音和发音的积极性很有好处。

（5）利用玩具编故事游戏。家长可以把很多动物类玩具收集到一起，每拿一个玩具就告诉孩子，这是什么动物，但每次给孩子介绍的玩具不宜过多。等孩子对动物熟悉后，家长就可以选择孩子最为熟悉的两个动物作为故事的主人公，在睡前给孩子讲发生在两个动物之间的故事。如小羊在买水果的路上遇到了小狗，于是，小羊邀请小狗到他家做客。小羊非常热情，令小狗不好推辞。但小狗去的时候忘了告诉妈妈，狗妈妈到处着急地找他……心理实验证明：默诵后的睡眠有利于记忆，可增强记忆的效果，减少遗忘。这种睡前听故事的做法，不仅有利于孩子的语言学习，而且还有利于发掘孩子记忆的潜能。

（6）指认物体游戏。家长可以把孩子平时经常玩的玩具放在孩子面前，一边拿着玩具，一边说出玩具的名称。当孩子要某件玩具时，家长立即告诉孩子这是什么。随着孩子对物品的熟悉，家长还可以给出"指令"，先说出某个玩具的名称，然后让孩子去拿。

（7）镜子游戏。这一阶段的婴幼儿逐渐产生镜面反应，慢慢会认识镜子中的影像。家长可以抱着孩子，指着镜子告诉他镜子里的人是谁？让孩子摸摸眼睛、耳朵，引导孩子观察镜子里有什么相应的变化。熟悉游戏之后，孩子就会学会独自跟镜子中的自己说"悄悄话"。

（二）3—6岁学前儿童口语表达能力的培养

1.在日常生活中培养幼儿清楚完整的表达能力

为了使每个幼儿都能受到良好的语言教育，教师会运用一些集体学习的形式，但是大量的教学练习需要在日常生活中进行。首先，教师要训练幼儿善于观察周围的一切，无论是日常生活中的事物，还是幼儿园中的事物，都应该鼓励幼儿用语言来表述，鼓励他们多说话，让他们在说话过程中可以适当加上自己的心理感受。其次，教师要耐心地倾听幼儿的表述，并能愉快地与他们交流。在交流的过程中，用正确的语言引导他们，把他们说得不完整的句子补充完整。幼儿用得比较合适和好的语言，教师应该给予语言鼓励，比如，顶呱呱送给你，你的词语用得好，你的词语用得妙。这不仅能训练他们说话的能力，也能让幼儿享受到说话的快乐。

2.开展有趣的讲述活动

幼儿园的讲述活动，是一种有目的、有计划地培养幼儿语言能力的教育活动。这类活动以促进幼儿语言表述行为的发展为主，要求幼儿积极参与命题性质的讲述实践，帮助幼儿逐步获得独立的构思和表述的语言经验。讲述活动早已成为我国幼儿园语言教育的一种非常重要的教学形式。

幼儿特别喜欢听富有幼儿生活情趣的故事，根据他们的这个特点，教师和家长一定要考虑他们已有的学习经验，选择一些有教育意义、生动有趣的故事展开讲述活动。

3.多利用儿歌、绕口令组织语言教学

儿歌、绕口令都是深受幼儿喜欢的富有韵律的作品，因此，教师应多利用儿歌、绕口令组织语言教学，多让幼儿读一些朗朗上口、有韵律的儿歌、绕口令，教师要把握这些内容的重点，教会幼儿逐渐从朗读的过程中去理解，再记忆，加深印象，逐渐学会优美句子的表达。

拓展阅读：儿歌[①]

儿歌（nursery rhyme），是以低幼儿童为主要接受对象的具有民歌风味的简短诗歌。它是儿童文学最古老也是最基本的体裁形式之一。儿歌是民歌的一种，全国各地都有。内容多反映儿童的生活情趣，传播生活、生产知识等。歌词多采用比兴手法，词句音韵流畅，易于上口，曲调接近语言音调，节奏轻快，有独唱或对唱，如福建浦城儿歌《月光光》。儿歌中既有民间流传的童谣，也有作家创作的诗歌。

我国古代称儿歌为童谣或童子谣、孺子歌、小儿语等，《左传》中有"卜偃引童谣"的记载。它原属民间文学，随着社会文明的进步，儿歌才成为儿童文学的重要样式之一。"儿歌"这一名称在我国的正式使用，是"五四"以后歌谣运动大发展时期。儿歌一般比较短小，句式多样，富有变化，节奏鲜明，朗朗上口，易念易记易传。表

[①] 刘新学,唐雪梅.学前心理学[M].2版.北京:北京师范大学出版社,2014:141.

现手法有拟人、反复、重叠、排比、比喻、夸张、联想等，其中运用较多的是拟人。

4.看图讲故事或续编故事，增强学前儿童的口语能力

幼儿的口语能力是观察、分析、表达、概括等多种能力的综合体现。幼儿的思维以具体形象为主，抽象思维较弱，在教学中教师要充分利用画面，做到一画多用，让幼儿在看话说图的过程中提高观察能力和想象能力，并能利用周围的环境给他们提供主动交往的机会。还可以让幼儿在"仿编""续编""扩编"趣味故事和画面讲述上，根据自己的生活经验和想象力，大胆而清楚地表达自己的意见、愿望和要求，以发展想象力和思维能力。

5.积极为幼儿创造交往条件

交往的形式有亲子之间的交往，同伴之间的交往，师生之间的交往，和周围其他人之间的交往。对于亲子之间的交往，可经常请家长来幼儿园参加一日活动，多做亲子游戏，或家长在家里照料孩子的过程中尽可能多和孩子进行语言交流，善于倾听孩子说话，多给孩子说话的机会，不要命令式地和孩子说话。比如，询问孩子吃什么，打开冰箱边问边让孩子观察，冰箱里有什么？可以做什么吃？在接送的路上问孩子：你今天学了什么？有哪些有趣的事？等等，这样把说话的机会留给孩子，潜移默化地为孩子打好语言基础。此外，家长还可以通过同孩子一起阅读的方式促进孩子语言的发展。

对于同伴之间的交往，老师和家长要多为孩子创造交往的环境。比如，让一个孩子找一个朋友，相互给对方说一件自己感兴趣的事；把孩子带出去自由自在地玩，在玩的过程中，孩子之间就有了言语交往；多设计一些语言游戏，让孩子在游戏过程中进行语言交往。

对于师生之间的交往，老师要有耐心，俯下身来听孩子的"悄悄话"；平时主动找孩子谈话，在谈话中注意激发他们说话的兴趣，努力使每个孩子都愿意主动和你交流、沟通。

和周围其他人之间的交往，主要是家长带孩子走亲戚、购物时进行的。如果家里来客人，要引导孩子主动向客人问好；去别人家做客时，也要引导孩子主动和别人打招呼，走时说"再见"；在路上碰到熟人时，多引导孩子打招呼。当然，老师在引导孩子进行社区活动，如参观超市、医院、邮电局时，更不要错过指导幼儿说话的大好机会。

三、学前儿童早期阅读能力的培养

早期阅读活动是学前儿童借助图片或文字与他人交流的过程，一般采取有声阅读的方式。早期阅读对于学前儿童的全面发展和今后的学业成绩具有积极影响。艾登·钱伯斯在《打造儿童阅读环境》中提道：阅读经历所代表的不仅仅是我们曾经阅读过哪些书，而且是它多姿多彩地呈现了当时的阅读心情，也造就了今日的自我……对于学前儿童而言，4—5岁以非主动阅读为主，5—6岁处于主动阅读与非主动阅读相结合的时期。因此，成人应依据学前儿童阅读兴趣和能力的大小提供相应的指导，促进其阅读能力的发展。

（一）幼儿园方面

《幼儿园教育指导纲要（试行）》指出：培养幼儿对生活中常见的简单标记和文字符号的兴趣。利用图书、绘本和其他多种形式，引发幼儿对书籍、阅读和书写的兴趣，培养幼儿的前阅读和前书写技能。幼儿教师在培养幼儿的阅读能力时应注意以下几方面：

1.根据学前儿童的年龄特点，选择适宜的阅读材料

为学前儿童提供阅读材料时，应注重图画和文字的有机结合。国内外各类优秀的绘本就是不错的选择，儿童绘本一般具有图文并茂、色彩鲜明、语言生动有趣、朗朗上口等特点，深受儿童喜爱。对于3岁之前的幼儿，教师可提供一些适合其年龄阶段的图片和具有简单、重复的故事情节的绘本。对于3—4岁的幼儿，教师应该选择内容有趣、情节简单、形象

突出、画面清晰的绘本故事和儿歌。对于5—6岁的幼儿，阅读材料的范围可延伸至中外经典童话故事和古体诗等，选择时应注重材料的多样化和文体的多样性。

2.根据学前儿童的言语能力，提供正确的指导方法

在开展学前儿童早期阅读时，教师应结合学前儿童的言语发展水平，给予恰当有效的指导。3—4岁的小班幼儿的发音器官尚未发育成熟，主要通过倾听和模仿成人发音，获得有关语言方面的知识。因此，教师在讲故事时应发音正确、口齿清晰，给孩子树立好的榜样。同时，教师也应教育小班幼儿学会安静地倾听同伴讲话，不随便插嘴。4—5岁的中班幼儿的发音器官已经发育成熟，4岁时语音意识明显发展起来。在开展早期有声阅读中，教师应注意培养幼儿清晰吐字的习惯，并采用抑扬顿挫的语气和丰富生动的面部表情和姿态表情，激发幼儿阅读的兴趣，引导幼儿逐步做到大声、清楚和沉着镇定地表达。5—6岁的大班幼儿已有一定的识字量，教师需要将有声阅读（非主动阅读）与无声阅读（主动阅读）相结合，在阅读过程中进一步丰富幼儿的词汇量。

3.营造浓郁的阅读氛围，开展丰富的读书活动

教师可以每周定期安排幼儿去图书馆借阅图书，还可以在各自的教室里创设一个阅读区，向幼儿收集各种无声和有声读物，定期组织幼儿开展阅读活动，帮助其养成良好的阅读习惯。为最大限度地达到图书共享的目的，教师还可以在班级之间进行图书传递活动。在具体开展阅读活动中，教师应注意形式的丰富多样性，如让幼儿进行故事续编活动、玩故事接龙、说相反词、把故事改编为歌谣和引导幼儿围绕自己感兴趣的话题制作图画书等。此外，幼儿园可以设计"阅读橱窗"平台，定期将每个班开展的读书活动展示出来，激发师生共读的热情。

（二）家庭方面

《3—6岁儿童学习与发展指南》指出：成人应为幼儿提供丰富、适宜的低幼读物，经常和幼儿一起看图书、讲故事。儿童心理学家吴念阳曾提

出一个观点"给孩子买 100 本书，不如陪孩子读一本书"，这一观念掷地有声，给广大家长带来深深的思考。家长也许会毫不吝啬地给孩子买大堆的书，但却不能或不愿抽出时间陪孩子读一本书。其实，亲子共读对孩子的身心发展具有重要意义。亲子阅读不仅可以塑造良好的亲子关系，培养孩子的积极情绪，而且能够提高孩子的阅读能力和口语表达能力，培养孩子的阅读兴趣。因此，在家庭中，家长应该多抽出时间与孩子一起阅读，给孩子讲绘本故事或者听孩子讲简单的故事，营造家庭的阅读氛围。

反 思 探 究

（1）简要说明学前儿童掌握语音的特点和难点。

（2）简要说明学前儿童言语发展的阶段。

（3）学前儿童言语发展的关键期都有哪些？你怎么看待？

（4）联系实际谈谈学前儿童口语能力培养中应注意的问题。

第八章 学前儿童情绪情感的发展

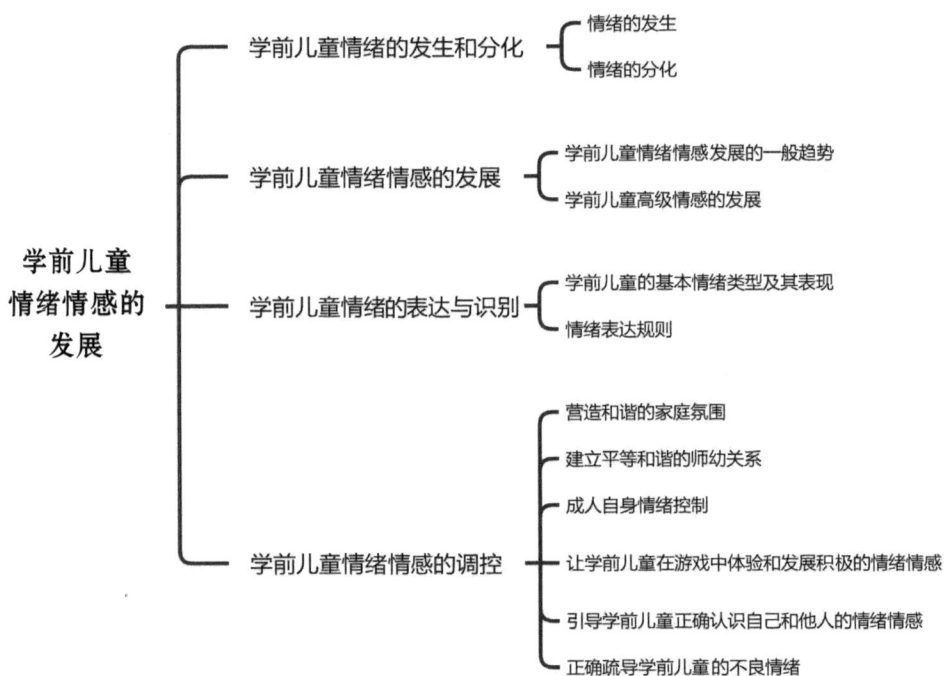

思 维 导 图

学前儿童情绪情感的发展
- 学前儿童情绪的发生和分化
  - 情绪的发生
  - 情绪的分化
- 学前儿童情绪情感的发展
  - 学前儿童情绪情感发展的一般趋势
  - 学前儿童高级情感的发展
- 学前儿童情绪的表达与识别
  - 学前儿童的基本情绪类型及其表现
  - 情绪表达规则
- 学前儿童情绪情感的调控
  - 营造和谐的家庭氛围
  - 建立平等和谐的师幼关系
  - 成人自身情绪控制
  - 让学前儿童在游戏中体验和发展积极的情绪情感
  - 引导学前儿童正确认识自己和他人的情绪情感
  - 正确疏导学前儿童的不良情绪

学 习 目 标

（1）引导学前儿童学会控制自己的情绪，给予幼儿正确的榜样示范。

（2）掌握学前儿童情绪情感的特点以及情绪情感发展的一般趋势。

（3）掌握情绪表达规则，能正确识别学前儿童的情绪并给予相应的回应和帮助。

（4）能够在教育活动中，运用心理学理论帮助学前儿童调控情绪，正确表达情绪。

案 例 导 入

中（2）班的思思把自己养的多肉植物带到了幼儿园，王老师双手接过装多肉植物的花盆，高兴地表扬了思思，还邀请其他小朋友一起来观赏。思思十分开心，主动帮助小朋友们整理玩具，帮助老师收拾桌椅，做了许多事情。

第一节　学前儿童情绪的发生和分化

一、情绪的发生

（一）原始情绪反应

观察和研究普遍表明，初生的婴儿即有情绪反应。如新生儿或哭、或安静、或四肢舞动等，可以称为原始情绪反应。进化论的创始人达尔文指出：情绪表现是人类进化与适应的产物。经过多年的研究，现在人们普遍认为，原始的、基本的情绪是进化来的，是与生俱来的，人类先天就有情绪反应。这种情绪反应与生理需要是否得到满足有直接关系。

（二）原始情绪的种类

行为主义创始人华生（1919）通过对500多名婴儿的观察，提出新生儿主要有三种原始情绪，即怕、怒和爱。华生还详细描述了这些情绪产生的原因和表现。

（1）怕。华生认为新生儿在面临大声和失持两种情况时，就会产生怕。突然发生的雷电，会引起婴儿的惊恐、大哭；当身体突然失去支持时，婴儿会发抖、大哭、呼吸急促、双手乱抓等。

（2）怒。限制婴儿的活动会激怒他。如在婴儿想自由活动时，紧紧抱住他，会让他全身扭动。

（3）爱。抚摸、轻拍或拥抱会使婴儿产生爱的、愉悦的情绪。

美国心理学家伊扎德认为，婴儿出生时具有五种情绪：惊奇、痛苦、厌恶、最初步的微笑和兴趣。美国心理学家克雷奇则提出，原始情绪包括快乐、愤怒、恐惧和悲哀四种。它们与个体的基本需要相关联，具有高度紧张性。多数心理学家认为，原始的情绪反应是笼统的。随着人的成长，情绪会逐步分化为若干种。

二、情绪的分化

（一）布里奇斯的情绪分化理论

加拿大心理学家布里奇斯的情绪分化理论是比较有代表性的理论。他（1932年）提出，新生儿的情绪只是一种弥散性的兴奋或激动，在以后学习和成熟的作用下，各种不同的情绪才逐渐分化出来。根据对100多个婴儿的观察，布里奇斯提出了关于情绪分化的较完整的理论和0—2岁幼儿的情绪分化模式图（如图8-1）。

初生婴儿只有皱眉和哭的反应。这种反应是未分化的一般性活动，是强烈刺激引起的内脏和肌肉反应。

3个月后，情绪分化为快乐和痛苦。

6个月后，情绪又分化为愤怒、厌恶和惧怕。

12个月后，快乐分化成兴高采烈和喜爱的情绪。

18个月后，分化出欢乐和妒忌。

24个月后，形成妒忌、激动、欢乐、兴高采烈等各种情绪。

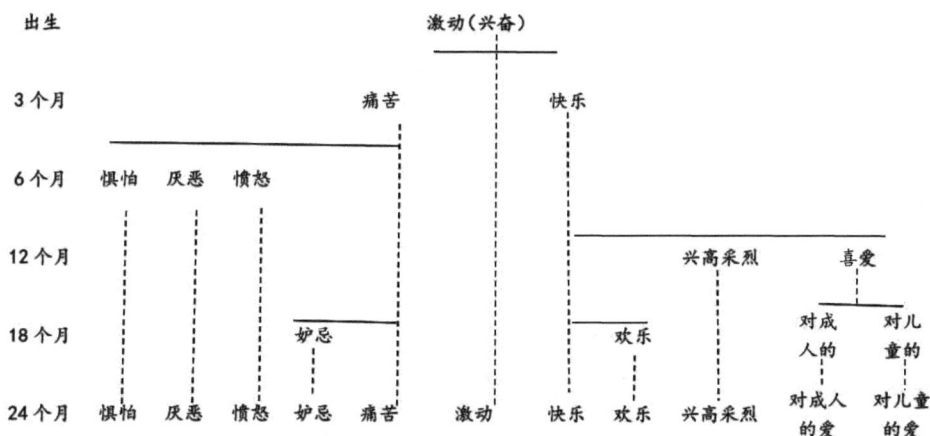

图8-1 布里奇斯的情绪分化模式图

拓展阅读：情绪分化的具体表现[①]

美国著名儿童心理学家斯皮兹提出了情绪分化的具体表现。

一是2—3个月的婴儿开始发生社会性微笑。

二是3—6个月婴儿对有生命的事物报以微笑的反应，如对待人们的微笑表情、做鬼脸的表情或是戴上面具的人，都有微笑反应，对小猫、小狗也有微笑的反应。对非动物，如电筒光、铃、积木、球等，则没有反应。

三是7—8个月的婴儿出现认生。当陌生人接近时，或是妈妈离开的时候，他（她）会产生焦虑情绪。

[①] 宋丽博.学前儿童发展心理学[M].4版.北京:高等教育出版社,2022:136.

（二）林传鼎的情绪分化三阶段理论

我国心理学家林传鼎认为，儿童情绪分化的过程可以分为三个阶段。

1. 泛化阶段（0—1岁）

这一阶段儿童的情绪反应比较笼统，而且往往是生理需要引起的情绪占优势。0.5—3个月，出现了6种情绪：欲求、喜悦、厌恶、忿急、烦闷、惊骇。但这些情绪不是高度分化的，只是在愉快与不愉快的基础上增加了一些面部表情。4—6个月，开始出现由社会性需要引起的喜欢、忿急。

2. 分化阶段（1—5岁）

这一阶段儿童的情绪开始多样化，从3岁开始，陆续产生了同情、尊重、爱等20多种情感，同时一些高级情感开始萌芽，如道德感、美感。

3. 系统化阶段（5岁以后）

这一阶段儿童情绪的基本特征是情绪生活的高度社会化。这个时期道德感、美感、理智感等多种高级情绪达到一定的水平，有关世界观形成的情绪初步确立。

（三）伊扎德的九种基本情绪理论

当代美国著名的情绪发展研究专家伊扎德（1982）关于婴儿情绪发展的研究及据此提出的情绪分化理论，在当代情绪研究中有很大的影响。

伊扎德认为婴儿出生时具有五种情绪：惊奇、痛苦、厌恶、最初步的微笑和兴趣。通过逐渐分化，2岁左右的儿童出现各种基本情绪。例如在4—6周大时，出现社会性微笑；3—4个月大时，出现愤怒、悲伤；5—7个月大时，出现惧怕；6—8个月大时，出现害羞；0.5—1岁大时，出现依恋、分离伤心、陌生人恐惧；1.5岁左右大时，出现羞愧、自豪、骄傲、焦虑、内疚和同情等。随着年龄的增长和脑部的发育，情绪逐渐增多和分化，形成人类的九种基本情绪，即愉快、惊奇、悲伤、愤怒、厌恶、惧怕、兴趣、轻蔑、痛苦，每一种情绪都有相应的面部表情模式。

伊扎德的研究较前人的研究，无论在科学性和可测性上都大大提高了一步，每一种新出现的情绪反应都有一定的具体、客观指标，易于鉴别、判断。伊扎德特殊的贡献在于，编制了面部肌肉运动和表情模式测查系统（最大限度辨别面部肌肉运动编码系统，Max，1979）和表情辨别整体判断系统（Affex，1980），给表情识别提供了一个客观依据。他把面部分为三个区域，即额眉-鼻根区、眼-鼻-颊区、口唇-下巴区，共列出29种肌肉活动单位，编辑成号，表情是由面部这三个区域的肌肉运动组合而成的。例如：No.25为额眉区——双眉下压、聚拢，No.33为眼鼻区——双眼变窄、微眯，No.54为口唇区——口张大呈矩形，三个组合起来，从Affex中辨别为愤怒的表情。

拓展阅读：情绪发生

我国心理学家孟昭兰在对婴幼儿情绪进行实验研究的基础上，提出了儿童情绪发生时间表。如表8-1所示。

表8-1 个体情绪发生时间表[①]

情绪类别	最早出现时间	最早出现时的诱因	经常显露时间	经常显露的诱因
痛苦	出生后	身体痛刺激	出生后	
厌恶	出生后	味刺激	出生后	
微笑	出生后	睡眠中,内部过程节律反应	出生后	
兴趣	出生后	新异性光、声或运动物体	3个月	
社会性微笑	3—6周	高频人语声,人的面孔出现	3个月	熟人面孔出现,面对面玩耍
愤怒	2个月	药物注射痛刺激	7—8个月	身体活动受限制
悲伤	3—4个月	治疗痛刺激	7个月	与熟人分离

---

① 孟昭兰.人类情绪[M].上海:上海人民出版社,1989:254.

续 表

情绪类别	最早出现时间	最早出现时的诱因	经常显露时间	经常显露的诱因
惧怕	7个月	从高处降落	9个月	陌生人或新异性较大物体出现,如带声音的运动玩具出现
惊奇	1岁	新异物突然出现	2岁	同前
害羞	1—1岁半	熟悉环境中陌生人出现	2岁	熟悉环境中陌生人出现
轻蔑	1—1岁半	欢乐情况下显示自己的成功	3岁	欢乐情况下显示自己的成功
自罪感	1—1岁半	抢夺别人的玩具	3岁	做错事,如打破杯子

第二节 学前儿童情绪情感的发展

一、学前儿童情绪情感发展的一般趋势

学前儿童情绪情感的发展趋势主要有三个方面：社会化、丰富和深刻化、自我调节化。

（一）情绪情感的社会化

学前儿童最初的情绪情感是与生理需要相联系的，伴随着成长，情绪情感逐渐与社会性需要相联系。社会化是学前儿童情绪情感发展的一种趋势，具体表现为三个方面。

1.情绪情感中社会性交往的成分不断增加

在学前儿童的情绪情感活动中，涉及社会性交往的内容，随着年龄的增长而增加。例如，美国心理学家艾姆斯（Ames）利用两年的时间，对学前儿童交往中的微笑进行了系统观察和研究，发现学前儿童交往中的微笑可以分为三类：第一类，儿童自己玩得高兴时的笑；第二类，儿童对教师笑；第三类，儿童对小朋友笑。这三类中，后两类是社会性情感的表现。这一研究结果（详见表8-2）表明：1.5—3岁，非社会性微笑的比例下降，社交性微笑的比例有所增长。

随着年龄的增长，学前儿童的社会性情感不断发展，逐渐出现了道德感、美感、理智感等高级情感。有学者认为，学前儿童与教师的情感交往多于与同伴的情感交往。法国心理学家布斯旺的研究表明，在同一情况下，8岁儿童比4岁儿童在看电影时的情感交往次数有所增加；4岁儿童看电影时主要同教师交往，而8岁儿童主要同邻近同伴交往。

表8-2 1.5—3岁学前儿童两年内各类微笑次数统计

微笑类别	1.5岁		3岁		1.5岁与3岁微笑次数比
	微笑次数	占比	微笑次数	占比	
自己笑	67	55.37%	117	15.62%	1:1.75
对教师笑	47	38.84%	334	44.59%	1:7.11
对小朋友笑	7	5.79%	298	39.79%	1:42.57
总数	121	100%	749	100%	1:6.19

2.情绪情感反应的社会性动因不断增加

引起学前儿童情绪情感反应的原因，主要是他的基本生活需要是否得到满足。3岁前儿童情绪情感反应的主要原因是生理需要是否得到满足。3—4岁儿童情绪情感处于从主要满足生理需要向主要满足社会性需要过渡的阶段。儿童的情绪与社会性交往和社会性需要的满足密切相关，其社会性交往、人际关系成为左右情绪情感产生的最主要原因。在中、大班幼儿中，社会性需要的作用越来越大。幼儿非常希望被他人关注和重视，愿意与别人交往。成人和同伴的不理睬对幼儿来说可能成为一种惩罚，使他感到不安和难过。

3.表情的社会化

表情的表达方式包括面部表情、肢体语言和言语表情。表情是情绪的外部表现，具有先天预成性和后天习得性。表情一部分来自生物本能，另一部分则是在学前儿童成长过程中，掌握周围人们的表情手段后逐渐社会化的结果。

学前儿童表情社会化的发展主要包括两个方面：一是理解（辨别）面部表情的能力；二是运用社会性表情手段的能力。运用社会性表情有赖于辨别表情的能力，而辨别表情的能力是社会性认知的主要标志。研究表明，随着年龄的增长，儿童理解表情和运用表情手段的能力均有所增长。婴儿的特点是毫不保留地表露自己的情绪，以后则根据社会的要求调节真实情绪的表现方式。幼儿从2岁开始已经能够用表情手段去影响别人，并学会在不同场合下用不同的方式表达同样的情感。

有研究表明，儿童产生愤怒的原因有以下几个：（1）生理习惯问题，如不愿吃东西、睡眠等；（2）与权威矛盾的问题，如被惩罚、受到不公正待遇等；（3）与人的关系问题，如不被注意、不被认可、不愿和人分享等。其中，3岁以下的儿童较多属于第一种情况，3—4岁的儿童较多属于第二种情况，4岁以上的儿童则属于第三种情况的最多。

（二）情绪情感的丰富和深刻化

从情绪情感所指向的事物来看，学前儿童的情绪不断丰富，情感日益深刻。

情绪的日益丰富包含两个方面，即情绪过程越来越分化和情绪所指向的事物不断增加。新生儿的情绪是不分化的，1岁后逐渐分化，2岁左右已出现各种情绪。同时一些先前并不会引起儿童情感体验的人或物，随着儿童年龄的增长，引起了其情感体验。例如，进入幼儿园以后，从教师到同伴，儿童情感的范围是逐渐扩大的。情绪类型的增多以及情绪所指向事物的增加使学前儿童的情绪体验不断丰富。

情感的深刻化即指向事物性质的变化，从指向事物的表面到指向事物更内在的特点。随着年龄的不断增长，儿童的情感越来越深刻，并且开始能够理解一些比较复杂和高级的情感。如幼儿最初对父母的依恋是出于生理需求，但随着其成长这种依恋更倾向于是对父母的尊敬和爱戴等。

拓展阅读：情绪情感发展与认知的联系[①]

情绪和情感与周围环境刺激的关系是复杂的，不是一对一的关系。同一种环境刺激可以引起不同情绪，同一种情绪又可能是由几种不同的环境因素引起的。情绪和环境的复杂关系往往与认知发展水平有关。

根据与认知过程的联系，情绪和情感的发展可以分为若干种水平。

1. 与感知觉相联系的情绪情感

与生理性刺激相联系的情绪，多属此类。例如，新生儿听到刺耳声或身体突然失持，都会引起他痛苦和恐惧的情绪反应。2—6个月大的婴儿，看见别人做鬼脸，会做出微笑反应，即产生愉快的情绪。1岁左右的婴儿，对突然关灯会产生害怕的情绪。

2. 与记忆相联系的情绪情感

陌生人表示友好的面孔，可以引起3—4个月大婴儿的微笑。但是，对7—8个月大的婴儿，则可能会引起他们的惊奇或恐惧。这是因为前者的情绪尚未与记忆相联系，而后者已有记忆。儿童的许多情绪，是各种反射性质的，也就是和记忆相关联的情绪。

3. 与想象相联系的情绪情感

2岁以后的儿童，由于曾被告知蛇会咬人、黑夜有坏人等，而产生怕蛇、怕黑等情绪。这些都是和想象相联系的情绪体验。同情感也和记忆、想象有关。只有当儿童把自己记忆中的情绪表象和别人联系起来，想象到别人的体验时，才会产生同情感。

---

① 陈帼眉.学前心理学[M].2版.北京：人民教育出版社,2015：377.

4.与思维相联系的情绪情感

5—6岁儿童知道病菌能使人生病，从而害怕病菌；知道苍蝇能带病菌，于是讨厌苍蝇。这些惧怕、厌恶的情绪，是与思维相联系的情绪情感。

2岁左右的儿童看见绘本上鼻子很长的人，眼睛长在头后面的娃娃，穿鞋子的椅子脚等都报之以微笑。这是儿童理解到"滑稽"状态即不正常状态而产生的情绪表现。儿童会开玩笑，即出现幽默感的萌芽，是和他开始能够分辨真假相联系的。他头脑中必须有真假两种表象，并且能够进行对比。儿童有时故意惹大人生气，觉得好玩。这些都是作为高级情感的理智感的萌芽。

5.与复合的主观认知因素相联系的情绪情感

成人的（成熟的）情绪情感，主要依赖于记忆中的经验、料想的后果、对环境事件的评价等复合的主观认知因素。儿童在五六岁时也出现了这种性质的情感。这种情感的发生，更多地不取决于事物的客观性质，而取决于主观认知因素。有时，由于教师不了解儿童原有的心理状态，所用语言或其他措施可能会引起儿童完全出乎意料的情绪反应。例如，一位新教师认为大班某幼儿比较聪明，请他站起来对课堂上讨论过的问题作总结，可是该儿童却产生极大的反感。经了解，原任教师曾以此作为惩罚儿童不专心上课的手段。

（三）情绪的自我调节化

随着年龄的增长，儿童对情绪的自我调节能力越来越强。这种发展趋势表现在三个方面。

1.情绪的冲动性逐渐减少

在日常生活中，婴幼儿常由于某种外来刺激的出现而兴奋，情绪冲动且强烈，往往还伴随着过激的动作和行为来表现自己的情绪。这与其生理因素尤其是大脑皮质的兴奋容易扩散、皮质对皮下中枢的控制能力发展不足有关。

随着神经系统的发育及语言的发展，幼儿情绪的冲动性日趋减少。幼儿对自己情绪的控制，起初是出于服从成人的要求而被动地控制自己的情绪。到幼儿晚期，幼儿对情绪的自我调节能力才逐渐发展。成人的教育和要求，以及幼儿的集体活动和集体生活的要求，都有利于他们逐渐养成控制自己情绪的能力，减少冲动。

2.情绪的稳定性逐渐提高

婴幼儿的情绪非常不稳定，具有情境性和易受感染的特点。婴幼儿的两种对立情绪，常常在很短的时间内相互转换，随着情境的变化而迅速变化。幼儿晚期，幼儿的情绪较少受陌生人的感染，但仍然易受家长和教师的感染。随着幼儿身心的发育，自我控制能力增强，剧烈的情绪波动减少，情绪逐渐趋于稳定。但总的来说，幼儿的情绪仍然是不稳定、易变化的。

这种不稳定与两个因素有关：一是情境性。幼儿的情绪常常受外界情境支配，情绪往往随着某种情境的出现而产生，又随着情境的变化而消失。二是易感性。所谓易感性是指情绪非常容易受周围人情绪的影响。

幼儿晚期，幼儿的情绪比较稳定，情境性和易感性逐渐减少。这时期幼儿的情绪较少受一般人感染，但仍然容易受亲近的人，如家长和教师的影响。因此，家长和教师应该注意在幼儿面前控制自己的不良情绪。

3.情绪从外显到内隐

婴儿期和幼儿初期的儿童，还不能意识到自己情绪的外部表现。他们的情绪完全表露于外，丝毫不加以控制和掩饰。随着言语和心理活动随意性的发展，幼儿逐渐能够调节自己的情绪及其外部表现。这一阶段的幼儿，从不会调节自己的情绪表现发展到开始产生控制自己情绪表现的意识，但还不能完全控制自己的情绪表现，其情绪仍然是较为明显的外露。

幼儿晚期，幼儿在社会交往过程中逐渐掌握了情绪的表达规则，情绪调控能力不断增强，并逐渐形成较为成熟的情绪调节策略。从学前到学龄期间，幼儿的情绪技能快速发展，情绪表现从外露向内隐发展。例如，逐渐学会控制消极情绪的爆发，表现出不同于真实感受的"表面情绪"。

婴幼儿情绪外显的特点有利于成人及时了解孩子的情绪,给予正确的引导和帮助。但是,控制调节自己的情绪表现以至情绪本身,是社会交往的需要,主要依赖于正确的培养。同时,幼儿晚期,幼儿的情绪已经开始有内隐性,这就要求成人要细心观察和了解孩子内在的情绪体验。

拓展阅读:掩饰情绪①

有研究者对3岁和6岁两组儿童发怒时表情动作的变化进行了研究记录,发现随着年龄的增长,儿童在发怒时的情绪情感表现开始逐渐内化(见表8-3)。

表8-3 儿童发怒时表情动作的发展变化

发怒时的表情动作	3岁	6岁	增减
发怒时乱踢脚	77.6%	52.0%	减
发怒时倒在床上或地上乱滚	51.2%	29.2%	减
发怒时乱哭乱叫	90.0%	71.7%	减
发怒时粗暴地对待周围的人	60.5%	51.4%	减
发怒时一声不响地忍着	41.5%	52.9%	增
发怒时听到骂自己也一声不响地忍耐着	37.5%	51.0%	增

二、学前儿童高级情感的发展

学前儿童高级情感的发展是指他们在成长过程中,逐渐学会理解和表达更复杂、更深层次的情感。这些情感包括道德感、美感、理智感等与社会文化相联系的高级情感和情操。学前儿童高级情感的发展对他们的心理健康和社会适应能力具有重要意义。

---

① 陈帼眉.学前心理学[M].2版.北京:人民教育出版社,2015:382.

（一）道德感

道德感是由自己或别人的举止行为是否符合社会道德标准而引起的情感。它是一种高级情感，是道德品质的重要组成部分。学前儿童3岁前只有某些道德感的萌芽，3岁后，特别是在幼儿园的集体生活中，随着学前儿童对各种行为规范的掌握，道德感也发展起来。

小班幼儿主要从成人的评价中产生简单的道德感，如因受到老师的表扬而感到高兴。中班幼儿掌握了一些概括化的道德标准，他们可以因为自己在行动中遵守了老师的要求而产生快乐感。他们不但关心自己的行为是否符合道德标准，而且开始关心别人的行为是否符合道德标准，如对不遵守纪律的小朋友表示生气和愤怒。中班幼儿常常"告状"，这就是由道德感引发的一种行为。大班幼儿的道德感进一步发展和复杂化，他们对好与坏、好人与坏人产生了鲜明的道德情感。在这个年龄段，自豪感、羞愧感、友谊感、同情感和妒忌及集体主义情感等也都发展起来。

（二）理智感

理智感是由是否满足认识的需要而产生的体验，是人类所特有的情感。学前儿童的理智感与其认识活动、求知欲、解决问题、探求真理等需要是否得到满足有关。求知欲的扩展和加深是学前儿童理智感发展的主要标志之一。

学前儿童理智感的发生，在很大程度上取决于环境的影响和成人的培养。适时地提供给学前儿童以恰当的知识，注意发展他们的智力，鼓励和引导他们进行提问等，有利于促进他们理智感的发展。对一般儿童来说，3—5岁时这种情感已明显地发展起来，突出表现在他们很喜欢提问题，并由于提问和得到满意的回答而感到愉快。6岁儿童喜爱进行各种智力游戏或需要"动脑筋"的活动，如下棋、搭积木、猜谜语等，这些活动能满足他们的求知欲和好奇心，促进其理智感的发展。

（三）美感

美感是在审美过程中对美的主观反映、感受和评价。学前儿童在成长过程中，对美的感知、认识和欣赏能力逐渐提高。

新生儿对美的感知主要通过触觉和视觉来实现。他们喜欢观察周围的颜色、形状和纹理，对父母的脸部表情和声音也有敏感的反应。婴儿的美感发展主要集中在对基本颜色和形状的识别上。幼儿初期，随着语言能力的逐渐发展，幼儿开始能够用语言表达对美的理解和感受。在环境和教育的影响下，幼儿对美的欣赏能力逐渐提高，他们开始关注和体验生活中的美，如自然景观、艺术活动和作品等。幼儿晚期，随着思维的发展，在环境与教育的影响下，幼儿逐渐形成了审美的标准。他们开始对服饰、环境、音乐等提出审美要求并能够从美术作品、文学作品、音乐、舞蹈等中体验到美，并产生愉悦的情绪体验。同时，他们开始能够对美的抽象概念进行理解和欣赏，如和谐、对称等。此外，幼儿在这个阶段还可能出现对某种艺术形式（如绘画、音乐等）的兴趣和热情。

第三节　学前儿童情绪的表达与识别

婴儿从出生第一周开始，便可以产生情绪表现，情绪帮助婴儿应对环境，并起着传递信号的作用。如刚出生的新生儿，或哭、或安静、或四肢舞动等，这些都是人的原始情绪反应。虽然学前儿童的情绪表达大多是情绪情感的直接外露，但由于学前儿童的思维和语言发展均处于初级阶段，知识经验不足，词汇量少，成人往往难以理解其情绪产生的原因。因此，成人需了解学前儿童的基本情绪类型及其表现、情绪表达规则和情绪表达方式的影响因素，正确识别学前儿童的情绪，对学前儿童的情绪表达给予相应的回应和帮助。

一、学前儿童的基本情绪类型及其表现

人类从种族进化中获得的基本情绪有愤怒、恐惧、高兴、悲伤、惊奇、厌恶、痛苦等。

（一）学前儿童的基本情绪类型

1.愤怒

愤怒是愿望不能实现或目标受阻时引起的一种紧张、不愉快的情绪体验。新生儿对不愉快的经历会表现出痛苦情绪。6个月以后，婴儿在遇到不愉快的经历时会更多地表现出愤怒情绪。婴儿通常用哭来表达愤怒和不满，如限制婴儿的身体活动、饥饿、生病等。值得注意的是，学前儿童在愤怒时常常难以控制自己，可能会诱发攻击性行为。

2.恐惧

恐惧是人们面对危险情境，企图摆脱却又无能为力时所产生的一种强烈的压抑情绪体验。学前儿童的恐惧包括四种：

（1）本能的恐惧。由于新生儿的晶状体不能变形，难以对视觉对象进行有效的聚焦，所以最初的恐惧不是由视觉刺激引起的，而是由听觉、触觉等刺激引起的。如新生儿会因巨大的声音刺激或剧烈的体位变化受到惊吓，感到恐惧。

（2）与知觉和经验相联系的恐惧。幼儿一般在极端不愉快的经历或创伤之后，会产生对特定物体或环境的恐惧。如在医院打针的疼痛经历。

（3）怕生。婴儿5—6个月时开始认生。认生是婴儿认知发展和社会性发展过程中的重要变化。但是，幼儿在1岁左右会特别怕生，通常会表现出皱眉、大哭等。随着幼儿肢体和动作的发育，幼儿学会支配自己的身体后，见到陌生人会躲到家长身后或者跑开。

（4）预测性恐惧。由想象引起的恐惧属于预测性恐惧。学前期是幼儿想象迅速发展的时期。

恐惧作为基本的情绪，伴随着幼儿的成长过程。家长应重视幼儿的恐惧情绪，对幼儿正常范围内的恐惧不必表现出过分的焦虑，否则会强化幼儿的恐惧感。面对恐惧，家长应多采用肢体动作，如抚摸或拥抱来安抚幼儿。

3.高兴

婴儿的高兴情绪通常表现为笑和手舞足蹈。婴儿笑的发展可以分为三个阶段：

（1）自发的微笑。婴儿出生后就会出现自发性的微笑，或称内源性的笑。这是一种生理表现，而不是交往的表情手段。

（2）无选择的社会性微笑。婴儿出生5周后受到视觉刺激，看到成人的面孔会微笑，即便看到的是陌生人的脸也会做出微笑反应。

（3）有选择的社会性微笑。4个月左右大的婴儿开始出现有差别的微笑。婴儿会对熟悉的面孔发出频繁的无拘束的微笑，对陌生的面孔则带有警惕性的注意。有差别的微笑的出现，是婴儿最初的有选择的社会性微笑发生的标志。

4.悲伤

悲伤是一种普遍的负性情绪。悲伤是痛苦的表现形式。学前儿童的悲伤情绪可以由痛苦引起，如分离焦虑、疼痛等。学前儿童悲伤的表现形式一般就是哭。但随着年龄的增长，学前儿童渐渐学会掩饰和替代情绪，啼哭会减少。

（二）学前儿童的四种基本情绪的表现

一般而言，情绪变化会引起肢体动作和面部表情的变化，如皱眉、板着脸、耸肩等；生理变化，如心跳加速、血压升高、喘粗气、出汗等；适应性行为，如趋近或回避、逃跑或打斗、示爱或攻击等。学前儿童的四种基本情绪的表现如表8-4所示。

表8-4　学前儿童的四种基本情绪的表现

情绪	面部表情	生理变化
愤怒	眉毛连在一起;瞪眼;张大嘴,或者嘴唇抿在一起	心跳加速;体温升高;脸红
恐惧	眉毛上扬;眼睛睁大,紧张,直盯着刺激物;双唇向两耳方向略微拉伸	快而稳定的心跳;体温降低;呼吸急促
高兴	嘴角朝上朝后;两颊升起;眼睛眯成一条线	心跳加快;不规则呼吸;皮电反应增强
悲伤	眉毛内端朝上;上眼皮下垂;双目无光;嘴角向下,下巴朝上	心跳变慢;体温降低;皮电反应较差

二、情绪表达规则

情绪表达是人们表达内心情绪体验的一种方式,日常生活中为了让情绪表达符合社会规则,人们往往通过主观意志和理性来控制与调节情绪表达。因此,情绪体验和情绪表达之间存在一种内在的调节机制——情绪表达规则。学前儿童在社会交往过程中逐渐掌握这些规则。

1. 弱化

减弱真实情绪的表达强度。例如,幼儿詹詹在班级投掷比赛中得了第一名,而好朋友天天没有获奖,为了不让天天难过,他表现出没那么兴奋的样子。

2. 夸大

夸大真实的情绪表现。例如,小黎摔倒了,明明没有那么疼,但是为了得到妈妈的关注,故意大哭起来。

3. 平静

出现看似自然或中性的表情。例如,晶晶跟小朋友玩耍的时候不小心摔了一跤,明明很疼,可是为了面子,她忍着疼,一脸平静地说:"没事儿,不疼。"

4.掩饰

表现出完全不同于真实情绪的表情。例如，为了不让妈妈失落，即使妈妈做的生日蛋糕不好吃，牛牛还是很高兴地说："妈妈做的蛋糕真好吃，我非常喜欢！"

根据情绪表达规则对他人的情绪做出反应或产生共情，是学前儿童情绪理解能力不断提高、社会性得到一定发展的表现。同时，为了实现自己的目的或获得利益而依据情境和情绪表达规则，压抑或控制外部情绪的表达，体现了学前儿童情绪调控能力的提高。

拓展阅读：情绪表达[①]

婴儿在表达自己情绪的同时，也在慢慢地开始识别和理解他人的情绪。目前，关于婴儿什么时候开始能够识别和理解他人的情绪仍存在争议，有研究表明，3个月的婴儿能从照片中分辨出成人的不同情绪。但是，这种分辨可能仅仅只是反映了他们视觉分辨的能力，并不一定能表明这样小的婴儿能够理解像快乐、忧伤或愤怒等多种多样的表情。

1.社会参照

学前儿童识别和理解他人情绪的一个重要手段是社会参照。索肯和皮克（Soken，Pick，1999）研究发现，7—10个月的婴儿识别和理解特定情绪反应的能力已经发展得比较明显，他们开始关注他们的父母对于不确定环境条件下的情绪反应，并会依此调整自己的行为。随着年龄的增长，婴儿这种能力不断地提升，而且会把这种能力扩散到父母以外的人。1岁左右，如果旁边的陌生人对他笑，婴儿就敢去接近一些他觉得新奇好玩的玩具，如果陌生人表现出恐惧，婴儿则会小心避开那些东西。

2.情绪对话

18—24个月大的儿童能够进行情绪对话。和父母或其他抚养者进行情绪体验的家庭对话，会帮助儿童更好地理解自己和他人的感受。研究发现，在3岁左右，在情感体验上与父母有更多交流的孩子，其在小学

---

① 成丹丹.学前心理学[M].北京:清华大学出版社,2016:274.

阶段能更好地理解他人情绪，并更好地处理与同学和朋友的矛盾，解决争执问题。因此，家人经常陪伴孩子，并与他们进行情绪交流和对话，能够促进其情绪识别和共情能力的发展，进而影响到其后期社会认知的发展。

第四节　学前儿童情绪情感的调控

学前儿童的情绪情感呈现不稳定、易冲动的特点，需要在成人帮助下管理和控制自己的情绪，以及理解和表达自己的情感。学前儿童对情绪的管理和调控属于情绪能力的一部分。这是一项重要的技能，因为它可以帮助儿童建立良好的人际关系，提高学习效率，以及应对生活中的挑战。

一、营造和谐的家庭氛围

情绪产生于一定的情境中，学前儿童的情绪更易受周围环境气氛的感染。他人的情绪因素使他们在无意中受到影响，可以说，学前儿童情绪的发展主要依靠周围情绪气氛的熏陶。学前儿童最先在家庭中学习管理情绪。家长应营造和谐融洽的家庭氛围，培养孩子活泼开朗的性格，维持愉快的情绪。对于孩子的不同情绪要给予及时合理的回应，这样有利于增强孩子对情绪的理解。家长对孩子情绪的反应也有利于孩子提高移情的能力。面对孩子的诉求，家长要耐心倾听，对孩子合理的愿望要给予肯定和支持，对于孩子不合理的要求则要耐心解释。不要忽视和冷落孩子的诉求，更不能限制孩子诉求的表达。

二、建立平等和谐的师幼关系

幼儿情绪情感的发展也离不开教师的帮助。在幼儿园，教师要建立平等和谐的师幼关系，为幼儿创设和谐愉快的环境，帮助幼儿表达积极的情绪，疏导消极的情绪。

一方面应创设温馨愉悦的物理环境。蒙台梭利在《童年的秘密》中提出：把儿童安置在一个愉快的环境里，在那里几乎所有的东西都是他们自己的。整洁白色的教室，新的小桌子、小凳子和小扶手椅都是特地为他们制作的，以及在温暖的阳光下院子里的草坪。因此，教师在为幼儿创设环境时要充分考虑幼儿；材料的选择要考虑幼儿的脆弱性和敏感性，如避免尖锐、锋利的物品，确保物品的材质安全、无毒等。同时教师要鼓励幼儿参与环境创设。幼儿在安全、亲切的环境中产生归属感，有利于形成积极稳定的情绪情感。

另一方面要建立平等和谐的师生关系。幼儿园的师生关系，主要在教师有意识的培养，幼儿需要得到教师较多的注意、具体接触和关爱，特别是教师对幼儿的理解和尊重。首先，教师要树立儿童本位的思想，尊重幼儿，欣赏幼儿，善于发现幼儿的优点，鼓励幼儿表达情绪。此外，教师要关爱幼儿，努力做他们的朋友，构建和谐的师生关系，让他们感到温暖，培养幼儿稳定积极的情绪。如，幼儿园小班的幼儿，很愿意搂着老师，让老师摸摸头、亲亲脸。大班幼儿常常更多地注意老师对自己的态度。

三、成人自身情绪的控制

成人的情绪控制会影响儿童的情绪调控。研究表明，家长的移情能力与儿童的移情能力呈正相关。移情能力强的家长抚养的儿童不太容易发怒，同时也能更多地出现移情。移情能力不强的家长对儿童的控制性更强，因此他们的儿童更容易发怒，也很少表现出移情。由此可见，成人对情绪的控制会影响学前儿童对情绪的理解与调控。

此外，根据班杜拉的社会学习理论，人类的大量行为是通过模仿学习而习得的。学前儿童知识经验缺乏，所以对于他们而言，模仿学习更接近其真实学习过程。成人尤其是家长和教师，他们是学前儿童心目中的权威人物，是学前儿童乐于模仿的对象。成人作为儿童热衷模仿的对象，其情绪调控会影响儿童情绪调节的方式。

成人要实现对自身情绪的调控必须掌握相应的情绪调控方法。只有掌握了正确的情绪调控方法才能避免喜怒无常，保持良好的情绪状态，给学前儿童以愉快、稳定的情绪示范和感染。

四、让学前儿童在游戏中体验和发展积极的情绪情感

儿童期的基本活动是游戏，而游戏对儿童情绪情感的发展具有十分明显的作用。这是因为游戏不仅使儿童直接从活动本身获得快乐，还可以满足儿童的许多需要。儿童可以通过游戏实现自己在现实生活中未完成的愿望，获得满足感。儿童年龄小，行动能力有限，他们在家要听家长的话，在幼儿园要听教师的话，这使得他们经常处于被支配的地位。但在游戏过程中，儿童有充分的自主权，他们可以自由选择自己想要的游戏角色和任务，利用自己喜欢的和能用的物品，改变游戏的设置环境，体会拥有主动权的快乐。

五、引导学前儿童正确认识自己和他人的情绪情感

儿童对他人情绪情感的态度，和成人的表率作用关系很大，所以家长和教师应以身作则，做好积极的引导示范。第一，教育儿童识别和命名情绪，即帮助儿童了解他们的情绪，并教他们如何正确地表达这些情绪。这可以通过阅读有关情绪的故事书，或在孩子生气、高兴或悲伤时与他们交谈来实现。第二，引导儿童积极评价别人的情感，使其明白每个人都有表达自己喜怒哀惧的权利，每个人对同一件事会有自己独特的看法和感受，不能以自己的标准来要求别人。第三，培养儿童的共情能力，训练他们从别人的语言、声音、表情、行动上辨别情绪，培养他们情绪情感的敏感性，能够感受他人的快乐，同情他人的痛苦。第四，在生活中设置明确的

规则和界限，让儿童知道什么行为是可以接受的，什么行为是不可以接受的，帮助他们理解行为和情绪之间的关系，并学会适当地处理冲突和挫折。第五，当孩子表现出良好的情绪管理技巧时，给予他们积极的反馈，帮助他们建立自信。

六、正确疏导学前儿童的不良情绪

学前儿童年龄小，认知能力差，对自身情绪的识别能力不强。同时，学前儿童神经系统兴奋性强，易激动，难以控制自己的行为，因而常常出现闹脾气、哭闹不止等情绪失控的现象。这需要成人了解学前儿童的身心特点，掌握相关的情绪调控方法，正确疏导儿童的不良情绪。常见的情绪调控方法有：

1.转移法

转移法是指把注意力从产生消极否定情绪的活动或事物上转移到能产生积极肯定情绪的活动或事物上来。当面对消极情绪时，成人可以把儿童的注意力转移到其他事物上，如唱歌给儿童听、转移话题等，使儿童大脑皮质的兴奋中心转移，从而达到排遣不良情绪的目的。

2.冷却法

当儿童情绪十分激动时，成人要把教育的重点放在平复儿童的情绪上，可以采取暂时不予理睬的办法。待儿童冷静下来后，引导儿童反思自己刚才的情绪表现是否合适。

3.消退法

对儿童的消极情绪采取条件反射消退法。消退法是指减少某些不良行为的强化因素，从而减少这些行为发生的概率。如花花每天晚上睡觉前都会哭闹不止，一定要妈妈陪伴并哄着入睡。这时妈妈的陪伴便是花花哭闹的强化因素。根据消退法，妈妈要对花花的行为采取不予理睬的态度。一开始花花哭闹1个小时，哭累了才睡着。但妈妈坚持不予理睬的态度会使花花哭闹的时间渐渐缩短为30分钟、15分钟、10分钟等。最后，花花明白哭闹不会得到妈妈的陪伴，于是就会停止采用哭闹引起成人注意这一行为，自己乖乖地去睡觉。

反 思 探 究

（1）为什么随着年龄的增长，学前儿童的情绪逐渐深刻化？

（2）如何安抚啼哭中的婴儿？

（3）观察一个年龄段的学前儿童，写出该年龄段学前儿童一般的情绪特征。

（4）调查学前儿童有哪些主要的消极情绪并分析产生的原因。

第九章　学前儿童人格的发展

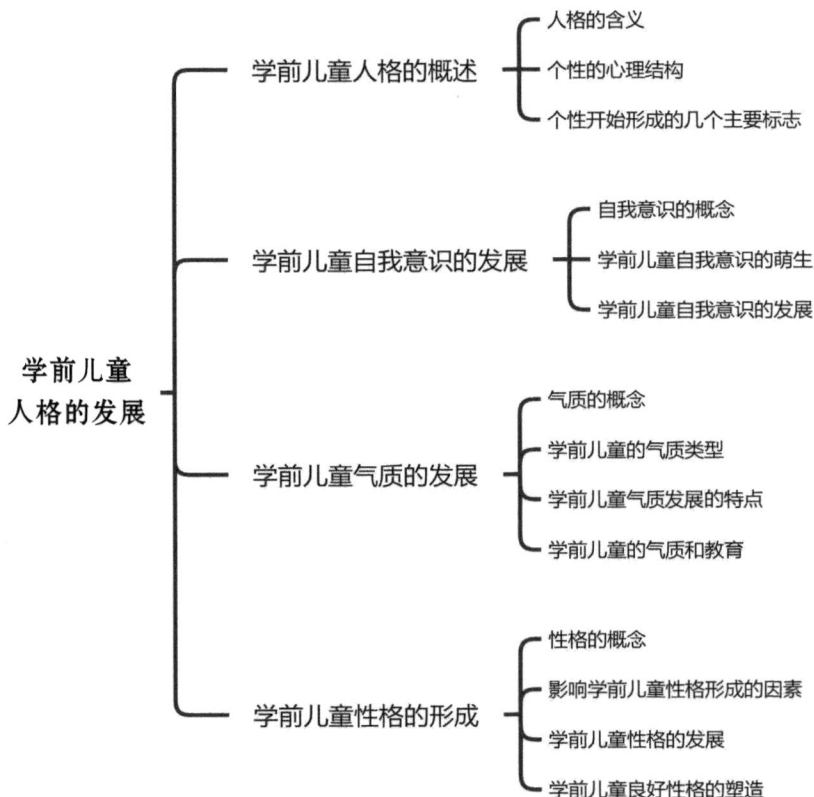

学 习 目 标

（1）重视学前儿童个性品质的养成，培养其爱国、诚信、友善等良好个性品质。

（2）理解个性、自我意识的概念，了解个性的心理结构系统和特点及自我意识的结构。

（3）理解个性倾向性（需要、兴趣）的概念，了解个性倾向性各方面的类型。

（4）理解个性心理特征（气质、能力、性格）的概念，了解个性心理特征各方面的类型。

（5）掌握个性及其各结构系统的发展特点和规律，学习分析学前儿童个性心理各方面的发展状况。

案 例 导 入

内向的学生与外向的学生

有位幼儿园老师说："我们班这36个孩子，有些学生比较外向，有些学生比较内向，还有些学生不能说外向也不能说内向。外向的学生好交际，跟同学关系都比较好，另外有些还比较有组织能力，玩游戏时能够领导大家，同学有困难时会主动提供帮助，跟老师的关系非常融洽，和老师接触的时间比较多；而比较内向的学生，在班上很安静，很少主动与别人交流，做事情常常是被动的，也不会主动和老师接触；性格居于中间的学生，没有像外向的学生那么热情，也没有像内向的学生那么安静，有时会主动和大家交流，有时却比较被动，和老师的关系也比较好，老师管理起来也比较轻松。"

为什么孩子的性格有内向与外向之分呢？内向和外向学生的行为差异为什么又是如此之大呢？因为每个孩子都有自己的个性特征，而孩子与孩子之间又存在个体差异。这一章是关于学前儿童人格的发展的内容，学习这一章后你便会了解学前儿童的个性发展特征。

第一节　学前儿童人格的概述

一、人格的含义

在心理学上，人格就是一个人比较稳定的、具有一定倾向性的各种心理特点或品质的独特组合，或将其称为个性。所谓个性是指一个人全部心理活动的总和，或者说是具有一定倾向性的各种心理特点或品质的独特结合。个性是在个体的各种心理过程、各种心理成分发生发展的基础上形成的。2岁前，儿童的各种心理过程还没有完全发展起来，不可能组成心理活动系统，因而个性不可能发生。2岁左右，儿童的个性逐渐萌芽。3—6岁是儿童个性初具雏形的时期。

我们说3—6岁是个性初具雏形的时期，其根据是此阶段已经明显地出现了个性所具有的各种特点：个性的各种结构成分，如气质、性格、能力、自我意识等，特别是自我意识和性格、能力等个性心理特征已经初步发展起来；有稳定倾向性的各种心理活动已经开始结合成为整体，形成个人独特的个性雏形。但是，个性形成的过程是漫长的。入学前儿童的个性，离个性的定型还差得很远。直到成熟年龄，即大约18岁，个性才基本定型，而人的个性定型以后，还有可能发生变化。

二、个性的心理结构

一般说来，个性主要包括以下三个方面的内容：

（一）个性倾向性

个性倾向性是个性的动力系统，以积极性和选择性为特征，它不仅制约着人的心理活动的方向，而且还决定了人的心理活动的动力和积极性。它主要包括需要、动机、兴趣、理想、信念与世界观等心理成分。

（二）个性心理特征

个性心理特征是个性中的特征结构，是个体心理差异性的集中表征，表明一个人的典型心理活动和行为。它主要包括能力、气质和性格。

（三）自我意识

自我意识是个性心理结构中的自控结构，主要作用是通过自我认知、自我体验和自我控制对个体进行调控，保证个性的完整、统一、和谐。

也有心理学家把个性的心理结构分为两大方面：一方面是个性动力系统，包括个性倾向性和自我意识；另一方面是个性心理特征系统。无论何种分法，其实质内容不变。

三、个性开始形成的几个主要标志

（一）心理活动整体性的形成

孩子刚出生时，主要靠本能来维持生命，心理刚刚开始发生，只具备简单的感觉现象，如微弱的视力、听力及嗅觉、味觉等。随着孩子年龄的增长，逐渐出现记忆、想象、思维等各种心理现象。可以说，3岁前是儿童的各种心理现象逐渐发生的时期，但这时孩子的心理活动是零散的、混乱的。儿童行为中有很多矛盾现象，比如说哭就哭，说笑就笑，作为心理活动最主要特征的调节控制自己行为的能力较差，而调节控制能力逐渐发展的过程发生在整个幼儿期。到了幼儿晚期，幼儿调节控制自己行为的能力逐渐提高，开始能够按照一定目的和计划去活动。只有当一个人能够按照自己的目的，控制自己的行为的时候，才能说开始形成一个完整的主观世界。由此可以看出，幼儿期心理活动开始具有系统性、完整性的特点。

（二）心理活动稳定性的增长

婴儿和幼儿的心理活动变化多端，不论是注意、记忆、思维，还是情感各方面，都是如此。婴幼儿的直观行动思维就充分地体现了心理活动的无目的、受外界情境制约、不稳定的特点。例如，一个2岁半的小女孩，手里拿着一根塑料棍（长度大约为半米）摆弄，听到外面鞭炮声后马上说："新娘子。"鞭炮声刺激了她，又使她想起了枪炮声，说："我有大枪，咚咚……"过了一会儿，无意中塑料棍戳到胳膊上，她说："我有大长针，打针。"又过了一会儿，她说："拿大棍子打大老虎。"从中可以看出其思维的跳跃性、不稳定性。随着年龄的增长，心理活动的稳定性逐渐增加。幼儿可以按照自己的目的进行观察、学习、思考，受外界环境影响的程度相对婴儿降低，而受自身控制的水平逐渐提高。这一点从幼儿心理过程的发展中可以看出。

（三）心理活动独特性的发展

幼儿的个性特征已显示出明显的差异。在新生儿个别差异的基础上，幼儿的气质不同十分明显。在能力方面，幼儿智力的差异及特殊能力也开始显露出来，特别是作为个性特征核心部分的性格开始形成。同时，幼儿的个人特点在不同的情境中表现渐趋一致，出现稳定的个人特点。可以通过观察幼儿的日常生活行为，对每个幼儿做出比较准确的个性评定。幼儿期的这种差异成为儿童日后发展的基础，俗话说的"3岁看大，7岁看老"虽然有些绝对，但它肯定了幼儿期个性的特点及基础作用。

（四）心理活动积极能动性的发展

积极能动性对幼儿心理的各个方面产生巨大的影响。在自我意识方面，幼儿对自己的评价及相应的自信心已经表现出差异。如有的幼儿对自己充满信心，有的退缩；有的幼儿能够控制自己，有的则自制力差。而自我意识水平的高低直接影响着幼儿的学习、生活，甚至对他们以后的发展产生影响。在兴趣、爱好方面，有的幼儿对事物充满好奇，喜欢探索，有的则对什么都无所谓；有的幼儿喜欢昆虫，有的幼儿喜欢画画，有的幼儿则喜欢舞蹈等。兴趣、爱好的不同出现了幼儿朝哪个方向发展的可能性。兴趣性强的幼儿发展会更好，因为幼儿的兴趣是影响其学习效果的最主要因素。

第二节 学前儿童自我意识的发展

自我是每个独立的个体生理和心理特征的总和，它指的是人对自己以及自己与客观世界关系的一种意识。没有自我就谈不上人格。所以，儿童先有自我才能谈人格，自我是人格形成的前提条件。

一、自我意识的概念

自我意识是人对自己身心状态及对自己同客观世界的关系的意识，是个性结构的重要组成部分。自我意识包括三个层次：一是对自己及其状态的认识；二是对自己肢体活动状态的认识；三是对自己思维、情感、意志等心理活动的认识。自我意识不仅是人脑对主体自身的意识与反映，而且人的发展离不开周围环境，特别是人与人之间关系的制约和影响，所以自我意识也反映人与周围现实之间的关系。

自我意识的结构是从自我意识的三个层次，即知、情、意三方面分析的，包括自我认识、自我体验和自我调节。

自我认识是自我意识的认知成分。它是自我意识的首要成分，也是自我调节控制的心理基础，包括自我感觉、自我概念、自我观察、自我分析和自我评价。自我分析是在自我观察的基础上对自身状况的反思。自我评价是对自己能力、品德、行为等方面社会价值的评估，最能代表一个人自我认识的水平。幼儿的自我评价是从顺从别人的评价逐渐发展到有一定独立见解的评价，并且评价的内容由比较笼统的评价发展到对内心品质进行评价，稳定性也逐渐加强。

自我体验是自我意识在情感方面的表现。自尊心、自信心是自我体验的具体内容。自尊心是指个体在社会比较过程中所获得的有关自我价值的积极的评价与体验。自尊心强的幼儿往往对自己的评价比较积极；相反，缺乏自尊心的幼儿往往自暴自弃。自信心是对自己的能力是否适合所承担的任务的自我体验。自信心与自尊心都是和自我评价紧密联系在一起的。

自我调节是自我意识的意志成分。自我调节主要表现为个人对自己的行为、活动和态度的调控，它包括自我检查、自我监督、自我控制等。自我检查是主体在头脑中将自己的活动结果与活动目的加以比较、对照的过程，例如，幼儿根据一定的情境恰当地表现某种动作。自我监督是一个人以其良心或内在的行为准则对自己的言行实行监督的过程，例如，幼儿抗拒外界的诱惑和干扰，专注于当前的活动。自我控制是主体对自身心理与行为的主动掌握，例如，幼儿能用一些方法来调节自己的不良情绪，继续和同伴一起做游戏。自我调节是自我意识中直接作用于个体行为的环节，它是一个人自我教育、自我发展的重要机制，自我调节的实现是自我意识的能动性的表现。

二、学前儿童自我意识的萌生

甜甜5个月大了，经常会把自己的手和脚放在嘴里咬一咬。有一天，甜甜正在咬自己的手指头的时候，突然大哭起来。原来甜甜把自己咬疼了。婴儿因为还没有意识到自我，所以经常发生咬伤自己的情况。那么，人是什么时候产生自我意识的呢？

人对自己的意识不是一生下来就有的，而是在其发展过程中逐步形成和发展起来的。人先有对外部世界、对他人的认识，然后才逐步认识自己。自我意识是在与他人交往过程中，根据他人对自己的看法和评价而发展起来的。

人最初不能意识到自己，不能把自己作为主体去同周围的客体区分开来。几个月的婴儿甚至不能意识到自己身体的存在，不知道自己身体的各个部分是属于自己的，因而常常可以看到七八个月的孩子咬自己的手指、脚趾，有时会把自己咬疼而哭起来。逐渐地，儿童知道了手脚是自己身体的一部分，开始用手拿纸、笔，拿到什么是什么，但他知道手是自己的，这样就把自己的动作和动作的对象区分开来，这是自我意识的最初表现。以后儿童开始知道由于自己扔皮球，皮球就滚远了，进一步把自己这个主体和自己的动作区分开来。

2岁左右的儿童，开始知道自己的名字，这时儿童只是把名字理解为自己的代号，遇到叫同名的孩子时，他会感到困惑。儿童从知道自己的名字过渡到掌握代词"我""你"，这在儿童自我意识的形成上，可以说是一个质的变化。此时，儿童开始把自己当作一个与别人不同的人来认识。从此，儿童的独立性开始大大增强起来，儿童经常说"我自己来""我要……"。随着儿童把自己当作主体的人来认识，他们逐步学会了自我评价，懂得了乖或不乖、好或不好的含义。当儿童在3岁左右，会用代词"我"来表示自己，用别的词表示其他事物时，说明他开始意识到了自己心理活动的过程和内容，开始从把自己当作客体转化为把自己当作一个主体的人来认识。这是自我意识的萌芽阶段，也是自我意识发展中的一次质变。儿童掌握代词比掌握名词困难得多，代词具有很大的概括性，"我"一词可与每一个人相联系，运用时必须有一个内部转换过程。

三、学前儿童自我意识的发展

（一）学前儿童自我认识的发展

1.学前儿童自我认识的发展

（1）对自己身体的认识。儿童从开始不能意识到自己的存在，到逐渐认识自己身体的各个部分，能够在成人发出"耳朵""嘴巴""手"等指令时，正确指认自己身体的部位。

首先从认识自己身体的部分到认识自己的整体形象。最初婴儿在镜子里发现自己时，总是把镜中形象作为别的小孩来认识，直至1.5—2岁，才开始认识到镜中的自我。对自己的影子，儿童认识更晚。有的报告指出，2.5—3岁时，儿童还难以理解自己的影子，常常指着自己的影子叫"小孩"，追着影子试图用脚去踩。对自己身体的认识，既是儿童认识自我的开端，也是儿童认识物我关系（即物体和自己的关系）的开端。儿童意识到自己对物的"所有权"，似乎是从这里开始的。

其次从认识自己外在的整体形象开始转向意识到身体内部状态。儿童对自己身体内部状态的意识，大约到2岁才开始发生，比如，会说"宝宝饱""宝宝饿"是最初的表现。

最后可以把名字与身体联系起来。直至3岁左右学会用代词"我"来称呼自己，但是仍倾向用名字称呼自己。如跌倒了，告诉妈妈时，还会经常说"晨晨倒了"，而不是"我倒了"。

（2）对自己行动的意识。动作的发展是人产生对自己行动的意识的前提条件。1岁左右，婴儿通过偶然性的动作逐渐能够把自己的动作和动作的对象区分开来，并且体会到自己的动作和物体的关系。比如，无意中碰到了小车，小车就向前移动，婴儿从这里似乎感受到自己的存在和力量。以后，婴儿便主动去推车，用手去拍打东西，嘴里还叨念着："宝宝打打。"

　　1岁左右，婴儿出现了最初的独立性。在许多场合下，他拒绝成人的直接帮助，而要"自己来"。比如，他要抢着自己吃饭。两三岁的孩子，成人喂他吃药，他紧闭着嘴，不断摇头。但是如果让他自己吃，他能自己吃下去。

　　虽在无意中学会了自动化的动作，但儿童并不能意识到。皮亚杰曾用实验研究儿童对自己爬行动作的意识，发现4岁儿童虽然会爬行，但并不能意识到自己是怎样运动的，5—6岁儿童能意识到自己的行动，7—8岁儿童对自己的爬行动作有明确的掌握或认知。

　　（3）对自己心理活动的意识。儿童对自己内心活动的意识，比对自己身体和动作的意识更为困难。因为自己的身体是看得见、摸得着的，自己的行动也是具体可见的，而内心活动则是看不见的。对内心活动的意识要求儿童要有较高一些的思维发展水平。

　　儿童从3岁左右开始，出现对自己内心活动的意识。比如，儿童开始意识到"愿意"和"应该"的区别。以前他只知道"我愿意怎样做就怎样做"，现在开始懂得了"愿意"要服从"应该"。

　　4岁以后，儿童开始出现对自己的认识活动和语言的意识。他们开始知道怎样去注意、观察、记忆和思维。比如，上课时老师说"注意了！"，儿童就应该眼睛看着老师，双手停止活动等。这时儿童开始有了认知的方法。他们也比较清楚地意识到假想和真实的区别，意识到正确与错误的思想和行为的区别。儿童有时还会故意做错事、做坏事，只是为了引起成人的注意，同成人开玩笑。

　　学前儿童往往只停留在意识到心理活动的结果，而不能意识到心理活动的过程。他能做出判断，但不知道判断是如何得出来的。因此，儿童往往知其然，而不知其所以然。例如，提问："皮球在水里会浮还是会沉？"回答："会浮起来。"提问："为什么？"回答："它轻。"提问："小钉子会浮还是会沉？"回答："会沉。"提问："它也轻，为什么会沉？"儿童不能正确回答。

　　掌握"我"是自我意识形成的主要标志。婴儿从知道自己的名字发展到知道"我",意味着从行动中实际地成为主体,意识到自己是各种行动和心理活动的主体。

2.学前儿童自我评价的发展

自我评价从2—3岁开始出现。幼儿自我评价的发展和幼儿认知及情感的发展密切联系着,其特点如下:

(1)幼儿从主要依赖成人的评价,逐渐向自己独立评价发展。幼儿独立的自我评价能力还很低,主要依赖于成人对自己的评价,特别是幼儿初期,幼儿往往不加考虑地轻信成人对自己的评价,自我评价只是简单重复成人的评价。例如,他们评价自己是好孩子,其原因是"老师说我是好孩子"。幼儿晚期,开始出现独立评价,对成人的评价逐渐持批判的态度。如果成人对他的评价不符合他自己的评价,幼儿会提出疑问,甚至表示反感。

(2)幼儿的自我评价从带有主观情绪性,发展到具有初步的客观性。研究发现,幼儿对美工作品的评价带有相当大的偏向性。实验者让幼儿对自己的绘画和泥工作品同别人的作品作比较性评价。当幼儿知道比较的对方是老师的作品时,尽管对方的作品比自己的质量差(这是实验者故意设计的),幼儿总是评价自己的作品不如对方;而当幼儿把自己的作品和小朋友的作品相比较时,则总是评价自己的作品比别人的好。这一实验结果充分说明了幼儿自我评价的主观性。在一般情况下,幼儿总是过高评价自己,但随着年龄的增长,幼儿对自己的过高评价渐趋隐蔽。例如,幼儿想说自己好,又不好意思,于是说"我不知道我做得怎么样"。在良好教育下,幼儿逐渐能够对自己作出正确的评价,有的幼儿则出现谦虚的评价。

(3)自我评价受认识水平的限制,主要表现在以下几个方面:自我评价从比较笼统,逐渐向比较具体和细致的方向发展;从对外部行为的评价,逐渐出现对内心品质的评价;从较多只根据某方面或局部进行自我评价,到逐渐能作出比较全面的评价;从只有评价而没有评价的论据,发展到有论据的评价。

总的来说,幼儿自我评价能力还很低,成人对幼儿的评价在幼儿个性发展中起着重要作用。因此，成人必须对幼儿作出适当的评价，对幼儿行为作过高或过低的评价对幼儿都是有害的。

（二）学前儿童自我体验的发展

1. 从初步的内心体验发展到较强烈的内心体验

3岁左右的幼儿基本上不会用语言来表达自己的内心体验。到了4岁以后，幼儿会用语言来表达自己内心的感受，如"我不高兴""我生气"；而到了五六岁，幼儿则会用一些修饰词，如"很""太"等来表达自己内心较强烈的体验。

2. 从受暗示性的体验发展到独立的体验

在幼儿自我体验的产生中，成人的暗示起着重要作用，年龄越小，表现越明显。如问幼儿，如果你做"捂眼睛贴鼻子"的游戏时，你私自拉下毛巾，被老师发现，你会觉得怎样？3岁的幼儿只有3.33%的人有自我体验。在暗示时（你做了错事，觉得难为情吗？）有26.67%的幼儿有自我体验。而随着年龄的增长，幼儿自我体验的受暗示性会逐渐降低。如对6岁左右幼儿的研究表明，暗示与否对幼儿羞愧感的产生已不产生影响。

（三）学前儿童自我控制的发展

1. 从主要受他人控制发展到自己控制

3岁左右的幼儿，其自我控制的水平是非常低的。在遇到外界诱惑时，幼儿主要受成人的控制，而一旦成人离开，则很难自己控制自己，很快就会违反行为的规则。如设计一个情境：给每个幼儿一个包起来的盒子，里面有礼物，并告诉幼儿等10分钟后，老师回来时才能打开。当老师离开后，小班的幼儿多数会很快打开盒子，而大班的幼儿坚持的时间会较长，并有更多的幼儿按要求坚持到老师回来。

2. 从不会自我控制发展到使用控制策略

控制策略是影响幼儿控制能力的一个重要因素。对于年龄小的幼儿来说，他们还不会使用有效的控制策略。随着幼儿年龄的增长，他们逐渐学会使用简单的控制策略进行自我控制。如关于延迟满足的研究表明，有少数4—5岁幼儿能运用许多分心的策略而不去碰终止等待的信号。例如，小声地唱歌，把手藏在手臂里，用脚敲打地板或睡觉等。而5—6岁幼儿已懂得如何将诱惑物盖起来。

3.儿童自我控制的发展受父母控制特征的影响

有研究表明，父母要求少或要求低环境中的儿童有高攻击性的特征，严厉控制下的儿童有情绪压抑、盲目顺从等过度自我控制倾向。而且，在父母控制下形成的儿童自我控制的特征，在儿童后期自我控制的发展中有一定的稳定性。

拓展阅读：延迟满足实验①

延迟满足最早是由英国人格心理学家沃尔特·米歇尔（Walter Mischel）于1970年提出的。他认为延迟满足是指一种甘愿为更有价值的长远结果而放弃即时满足的抉择取向，以及在等待期中展示的自我控制能力。延迟满足是儿童社会性发展的重要指标，对塑造个体的健全人格和良好的认知能力具有重要价值。米歇尔在20世纪60年代末至70年代初进行了一系列有关延迟满足的研究。

16名男孩和16名女孩，年龄在3岁6个月至5岁8个月之间（平均年龄为4岁6个月）。实验由两个男性实验者进行。实验分为四组，每组8名幼儿（4名男孩和4名女孩）。在每种条件下，每个实验者观测2名男孩和2名女孩，以避免性别或实验者的系统偏倚效应。

实验在一个被称作"惊喜屋"的房间内进行。房间内有单向玻璃，实验者可以通过单向玻璃观察幼儿在实验中的反应。房间里有一张桌子和一把椅子，桌子上放着一个饼干盒，在靠近椅子的地板上放着四个电动玩具。

实验者会向孩子们展示两组奖励，分别是一块巧克力和一块饼

① 洪秀敏，张明珠，刘倩倩.80项婴幼儿心理学实验及启示[M].北京:北京师范大学出版社，2022:117-119.（内容有删减）

干。实验者询问孩子们喜欢吃哪一种，所有参加实验的孩子都选择了巧克力。然后实验者以友好的方式简单地展示玩具。每次示范后，再玩会儿玩具，然后将玩具放在纸箱中，避免孩子看见。实验者告诉孩子："我要出去一会，等我回来你就可以吃巧克力了。如果等不了，可以随时摇铃叫我，得到饼干。"

实验者把被试分为四组。第一组，两种奖励物同时呈现，把巧克力和饼干都放在幼儿面前；第二组，两种奖励物都不呈现，把巧克力和饼干都放在幼儿视线之外的地方；第三组，只呈现即时奖励物，把饼干放在儿童面前；第四组，只呈现延迟奖励物，把巧克力放在儿童面前。

在主试离开房间的一瞬间开始计时，出现以下三种情况均停止计时：①幼儿一直坐在椅子上，等到20分钟后主试回到房间获得巧克力（延迟奖励）；②幼儿中途玩电动玩具得到饼干奖励（即时奖励）；③幼儿没有等主试，直接吃掉了饼干或巧克力。幼儿的延迟等待时间为起始时间和终止时间的间隔，以分钟为单位。研究者对实验结果进行了比较。

研究者预计随着对延迟奖励关注程度的增加，幼儿等待的时间会增加。为了确定这一预测是否正确，计算四种注意条件下幼儿等待的平均时间（以分钟为单位）。结果发现，在两种奖励物都不呈现时，幼儿等待的时间最长，平均等待时间可达到11分钟。两种奖励物均呈现时，幼儿等待时间最短，平均等待时间不到1分钟。呈现延迟奖励物（巧克力）小组和即时奖励物（饼干）小组幼儿的等待时间相近，但呈现延时奖励物小组的平均等待时间比即时奖励物小组的时间长1分钟。意外的是，当奖励完全不存在的时候，幼儿等待时间最长。也就是说，在等待期间，无论是延迟还是立即奖励都不能引起幼儿注意。这些结果与米歇尔的预测完全相反。

在实验中，这些孩子似乎通过将厌恶等待的情况转变为一个更令人愉快的非等待状态来延长等待。他们精心设计了自我分散注意力的技巧，通过这些技巧，他们在心理上除了等待以外，都在做其他事情。他们没有把注意力放在等待的物体上，而是避免看它们。有些孩子用手捂着眼睛，把头搁在胳膊上，以避免眼睛盯着奖励物。但是这些精心策划的自我干扰技巧主要发生在奖励缺失的情况下，几乎没有出现在奖励同时出现的小组。因此，在奖励出现的一组，孩子们很快就终止了延迟等待。从中我们可以看到，当孩子们看到丰富的奖励物时，等待的过程对孩子而言会更加艰难。

这些实验的最初目的是研究为什么有人可以延迟满足，而有人却只能放弃的心理过程。然而，米歇尔在偶然与同样参加上述实验的女儿谈到她们幼儿园伙伴的近况时，发现这些孩子的学习成绩与他们小时候延迟满足的能力存在某种联系。于是从1981年开始，米歇尔逐一联系已是高中生的653名参加者，给他们的父母、老师发去调查问卷，针对这些孩子的学习成绩、处理问题的能力以及与同学关系等方面提问。米歇尔在分析问卷的结果时发现，当年马上按铃的孩子无论在家里还是在学校，都更容易出现行为上的问题，成绩也较差。他们通常难以面对压力，注意力不集中，而且很难维持与他人的友谊。而那些可以等上15分钟再吃巧克力的孩子在学习成绩上最高分比那些马上吃巧克力的孩子的最低分高出210分。

第三节　学前儿童气质的发展

学前儿童个体差异最早表现出的是气质差异。气质是一个人所特有的心理活动的动力特征，是一个人个性和社会性发展的生物基础，气质与社会性发展之间互相影响，气质还能够影响智力活动的方式。

一、气质的概念

心理学中的气质概念与日常生活中所说的"脾气""秉性""性情"等词的意义相近。现代心理学把气质定义为：气质是个体表现在心理活动的强度、速度、灵活性与指向性等方面的一种稳定的心理特征。气质有以下三方面的特点：

（1）先天性。气质是一出生就有的，在新生儿期就有表现。

（2）遗传性。气质与人的神经系统密切相关，因此，和其他心理现象相比，气质和遗传的关系更为密切。

（3）稳定性。气质与性格、能力等其他心理特征相比，更具有稳定性。俗话说的"禀性难移"，指的就是气质稳定的特点。

二、学前儿童的气质类型

（一）传统的四类型说

传统的气质类型是古希腊医生希波克拉底（Hippocrates）提出的气质体液说。他认为人体内有四种体液：血液、黏液、黄胆汁和黑胆汁。根据这四种体液哪个占优势，将人的气质分为四种类型：多血质、黏液质、胆汁质和抑郁质。虽然，希波克拉底用体液来解释气质成因有点儿缺乏根据，但他把人的气质分为四种基本类型却比较切合实际。心理学至今一直沿用这一分类。下面所述的是四种典型的气质类型的含义及心理表象。

1.多血质

感受性低，反应性、兴奋性、平衡性很强；可塑性大，外倾，爱交际；灵活性高，反应迅速。

2.黏液质

感受性低，反应性很弱，主动性强；不灵活、内倾；情绪兴奋性弱，反应速度缓慢。

3.胆汁质

感受性低，反应性和主动性很强，兴奋比抑制占优势；刻板，外倾；情绪兴奋性强，反应速度很快，不灵活。

4.抑郁质

感受性很强，反应性和主动性弱；刻板，内倾；兴奋性强，精力旺盛，表里如一，刚强，易感情用事，情绪抑郁，反应速度缓慢，但有耐性，不灵活。

（二）巴甫洛夫高级神经活动类型说

巴甫洛夫根据高级神经活动的强度、平衡性、灵活性三种基本特性的结合，提出四种高级神经活动类型。其中三种是强型，一种是弱型。强型又可以分平衡型和不平衡型。平衡型可以分为灵活型与不灵活型。表9-1说明了神经活动类型与四种气质类型相对应的情况。

表9-1　神经活动类型与气质类型对照表

神经活动类型	气质类型	心理表象
弱型	抑郁质	敏感、畏缩、孤僻
强型、不平衡型	胆汁质	反应快、易冲动、难约束
强型、平衡型、不灵活型	黏液质	安静、迟缓、有耐性
强型、平衡型、灵活型	多血质	活泼、灵活、善交际

（三）托马斯和切斯气质类型说

托马斯和切斯根据九个维度对从出生到3岁前幼儿的气质类型进行划分，划分出三种类型，具体见表9-2所示。

1.容易型

这种类型的幼儿生活比较有规律，吃、喝、睡等都比较固定，容易适应环境，对陌生人适应得比较快，多受到大人的偏爱。

2.困难型

这类幼儿爱哭闹，常烦躁，爱发脾气，很难安抚下来，在吃、喝、睡等方面没有规律，对新鲜事物接受得比较慢。

3.迟缓性

这种类型的幼儿性子较慢，情绪较消极，行为反应强度很弱，不愿面对新鲜的事物，对外界环境适应和反应都较慢。

表9-2 托马斯和切斯划分幼儿气质的主要维度

序号	维度	表现
1	活动水平	在睡眠、饮食、玩耍、穿衣等方面身体活动的数量
2	规律性	机体的功能性,在睡眠、饮食、排便等方面
3	常规变化适应性	以社会要求的方式调整最初反应的难易性
4	对新情境的反应	对新刺激、食物、地点、人、玩具或玩法的最初反应
5	感觉阈限水平	产生一个反应需要的外部刺激量
6	反应强度	反应的能量内容,不考虑反应质量
7	积极或消极情境	高兴或不高兴行为的数量
8	注意分散度	外部刺激(声音、玩具)干扰正在进行的活动的有效性
9	坚持性和注意广度	在有或没有外部障碍的条件下,某种具体活动的保持时间

（四）巴斯的活动特质说

巴斯和普罗敏（1984）根据儿童在各种类型活动中的不同倾向性，划分为活动性、情绪性、社交性和冲动性4种气质类型，并各具有不同的行为特征。

1.活动性儿童

总是忙于探索外在世界和做一些大肌肉运动，乐于并经常从事一些运动性游戏。其中，有一些活动性儿童会显得很霸道，经常与人争吵，而另一些儿童则常从事一些有益而富有刺激性、启发性但不带攻击性的活动。活动性儿童比其他类型儿童更易引起与他人的冲突而导致成人对其采取限制、干预或强制性行为。巴斯认为，活动性儿童在儿童期表现为坐不住、爱活动，而到青年期则表现为精力充沛、活动能力强、有事业心、竞争心强等。

2.情绪性儿童

这类儿童常通过行为或心理、生理变化而表现出悲伤、恐惧或愤怒的反应。与其他儿童相比，他可能对更细微的厌恶性刺激做出反应并且不易被安抚下来。他们的恐惧水平和愤怒水平之间存在负相关。其中，有一部分情绪性儿童的主导情绪也许是恐惧，并伴随一般的唤起水平或悲伤水平；而另一部分儿童的主导情绪也许是愤怒，同时较少恐惧和悲伤。

3.社交性儿童

这类儿童常愿意与不同的人接触，不愿独处，在社会交往中反应积极，在追求家庭成员或不相关人员的接纳上都同样积极。但是他们这种强烈的社交要求常会受到挫折或伤害，有时甚至被作为神经过敏而遭拒绝。

4.冲动性儿童

突出表现为在各种场合或活动中极易冲动，情绪、行为缺乏控制，行为反应的产生、转换和消失都很快。这类儿童的活动、情绪都不稳定，多变化，冲动性强。

（五）卡根的抑制与非抑制说

美国发展心理学家卡根受巴甫洛夫高级神经活动类型说的启发，以行为抑制性—非抑制性为研究儿童气质的指标，提出了儿童气质研究的新思路。卡根经过长期追踪研究后认为，在婴儿期气质特质中只有"抑制—非抑制"这一项内容可以保持到青春期以后而不变。这表明"抑制—非抑制"才有可能是划分婴儿气质的真正的、实质性的内容，才有可能是划分婴儿气质类型的可靠标准。据此，卡根把婴儿划分为抑制型和非抑制型两种气质类型。抑制型婴儿的主要特征是拘束克制、谨慎小心和温和谦让，而非抑制型婴儿则无拘无束、自由自在、精神旺盛、自发冲动。婴儿的这种不同的行为反应主要并集中地体现在他们对"不确定性"的反应中。

三、学前儿童气质发展的特点

根据学前儿童气质的研究，杨丽珠、刘雯根据简·斯特里劳的幼儿园儿童反应评定量表对3—6岁儿童的气质进行了研究，结果表明：

1.学前儿童的气质随着年龄增长而发展

研究发现，学前儿童的气质反应性特质随着年龄增长而发展，但学前儿童的气质反应性水平也存在明显的个体差异（离差较大）。例如，6岁儿童的气质反应性水平的平均分为3.45分，有的儿童只得1.61分，有的却得4.89分。

2.学前儿童的气质具有稳定性

学前儿童的各种气质特征随着年龄增长而发展，但发展的速率逐渐缓慢，逐渐平稳。5—6岁儿童的气质发展已相当稳定了。

3.学前儿童气质发展的关键期为3—4岁

3岁与4岁儿童气质均数差异最大，发展变化最快。同时，从行为特质的等级发展方面，4岁已达到三级水平（中等程度）以上。因此，可以认为3—4岁为儿童气质发展的关键期。

近来，人们越来越重视儿童社会化过程中个体的能动作用，认为在儿童社会化过程中，成人和儿童之间的影响往往是双向的。如"母子相互作用"这个概念，强调的就是孩子的个性或行为对母亲育儿心理、态度和方式的影响。而气质类型是儿童影响母亲育儿态度和方式的主要因素。

最近有研究进一步探讨了3—5岁儿童气质的不同方面在影响母亲教养方式中所起的作用。结果表明，儿童气质的不同方面在影响母亲教养方式中所起的作用是不同的，有的是影响母亲教养方式的积极气质因素，有的是影响母亲教养方式的消极气质因素，有的则是没有显著影响作用的中间型气质因素。

影响母亲教养方式的积极气质因素包括较高的适应性、积极乐观的心境和较高的注意持久性。这三者的得分越高，母亲教养方式的民主性表现越突出。此研究结果与托马斯的研究结果基本一致。

影响母亲教养方式的消极气质因素包括较高反应强度、高活动水平、较低的适应性、高趋向性及较高的注意力分散度等。高反应强度易于引发母亲的溺爱性、放任性或专制性；高活动水平和较低的适应性都容易引发母亲的放任性；高趋向性儿童的大胆、无规矩则易导致母亲的专制性。较高的注意力分散度会导致母亲教养方式的混乱，缺乏始终如一的要求和态度。

4. 可塑性

人生活在环境中，就要与周围环境不停地进行互动，在个体与环境的不断作用中，人的气质也在发生着变化，而不是一成不变的（在环境条件的不断作用下，儿童的气质也在不断发生着改变）。

儿童的大脑神经系统还没有发育成熟，在后天环境和教育的影响下，他们的气质类型或行为能够得到一定程度上的改变。例如，活泼好动的儿童长期生活在沉闷、压抑的环境中，就会逐渐变得反应迟钝和精神萎靡。在一定的条件下经过适当的刺激，他们活泼的气质又会重新表现出来。

四、学前儿童的气质和教育

气质对学前儿童的生活和发展起着重要影响。针对学前儿童的气质特点，在学前儿童的教育中应注意以下几点：

（一）了解和接受学前儿童的气质类型

要培养学前儿童良好的气质，就要先了解其气质类型，家长和教师可以通过对儿童在游戏、学习和劳动中表现出的行为和情感态度进行观察得出他们的气质类型。例如，儿童在活动中表现出的主动性和持久性，在活动中是否容易激动，对新环境能否很快适应等，把观察结果同气质类型的典型特征相比较，确定儿童的气质类型。

随着儿童表现出各种气质特征，家长和教师可能会发现他们身上的某些特征是令他们烦恼的。针对这种情况，家长和教师应该先试着接受他们表现出的气质特征，找出他们气质特征中的闪光点，并对他们表现出的闪光点给予肯定，帮助他们形成良好的气质特征。

（二）对不同气质的学前儿童给予相同的关注

学前儿童的气质特点对他们的人际关系的形成有很大影响。胆汁质的儿童好动，喜欢吵闹并且难以控制自己的行为，不自觉遵守纪律；抑郁质的儿童性格过于敏感、孤僻，不善于交流；多血质的儿童很乖巧并且善于察言观色；黏液质的儿童行动迟缓，在群体活动中显得过于安静。

儿童的这些气质差异常常会有意无意地让有些教师对他们形成差别待遇，偏爱多血质的儿童，反感胆汁质的儿童，忽视黏液质的儿童，对抑郁质儿童感到无奈，这种差别对待是违背教育理念的。因此，教师要努力克服气质偏爱，给予不同气质的儿童相同的关注，让每个儿童都能感到教师对他们的欣赏和关心。

（三）针对学前儿童的气质特点采取适宜的教育措施

教师进行教育和教学工作时，要针对儿童的气质特点，提出不同要求，采取适当教育措施。例如，对于容易兴奋、难以遏制的儿童，不宜针锋相对地去激怒他们，要教会他们自制，午睡时能够安静躺着，不喊叫、不吵醒别人，养成安静遵守纪律的习惯。对于容易抑制、行动畏怯的儿童，要多表扬他们的积极行为，培养他们的自信心，激发他们活动的积极性。对于热情活泼、难以安定的儿童，要着重培养其专心游戏、耐心做事的习惯。对于反应缓慢、沉默寡言的儿童，要鼓励他们多参加集体活动，引导他们多和其他儿童交往，而且教会他们各种活动技能。教师要努力使每个儿童能够在教育的积极影响下发扬气质的积极方面，改变气质的消极方面，使儿童的气质特征继续发展。

巧的工艺品，这些整洁、优雅的摆设，能营造浓浓的书香氛围，为孩子创造健康成才的天地，有助于孩子养成热爱学习、做事有头有尾、书写整洁认真的行为习惯。

（二）树立良好的榜样

教师和父母要重视榜样在学前儿童性格塑造中的作用。学前儿童好模仿，容易模仿别人的态度和行为方式。现实生活中的父母和教师本身就是学前儿童的榜样。电视、电影及故事中所呈现的人物的高尚品德和英勇行为也是学前儿童性格塑造的榜样。表现良好的同伴也是儿童的榜样。因此教师和父母要机智地给儿童提供榜样，并指导和鼓励他们向榜样学习。

（三）引导儿童参加集体游戏

儿童正处于感知世界的阶段，有趣健康的游戏可以给予儿童无穷的快乐，给予他们对身边事物的认知与体验，增长他们的学识，更重要的是可以培养他们健全的性格。

在游戏中，有些儿童不愿与别人分享自己心爱的玩具，由于这种不愿与人分享的心理，往往使这些儿童在玩耍中总是不合群，难以与别人合作，久而久之，容易形成唯我独尊的孤僻性格。针对这种情况，在游戏过程中，要注意培养儿童热情大方的品质，多组织一些集体协作性的活动，让孩子学会如何与别人良好相处。

儿童的注意力容易分散，往往一件玩具、一个游戏玩得时间不长，儿童就会失去兴趣，把它们扔在一边就跑去玩别的玩具或游戏。这种情形除了是由于注意力不易集中以外，也有可能是由于儿童的畏难情绪，比如积木砌的房子总是不到一半就垮了。所以在组织游戏中，应适当地培养孩子有始有终的好习惯，培养他们克服困难的毅力与勇气。在设计游戏中，可以适当对儿童提出力所能及的目标。如：捏一只小鸭子，砌一座小城堡等，并在游戏过程中多鼓励并给予适当的帮助，使儿童形成有恒心的好性格。

（四）在集体生活和实践中培养学前儿童良好的性格

集体生活是塑造性格的重要条件，对于学前儿童性格的发展具有积极意义。集体的意见和要求，制约着学前儿童对待周围事物的态度和行为方式。同时，集体生活也能遏止或纠正儿童已经形成的畏怯、自负或自私等不良的性格特征，使其性格趋于完善。

（五）注重良好行为习惯的培养

性格表现为一种习惯化的行为方式。因此，良好行为习惯的培养不仅是品德塑造所强调的，也是性格塑造所重视的。父母和教师要重视培养儿童独立自主、乐于助人、勤劳勇敢等良好行为习惯。在日常生活中，当儿童表现出良好的行为时就给予强化，表现出不良的行为时就给予纠正，让儿童明白什么是好的行为，什么是不好的行为，久而久之，儿童就会形成良好的行为习惯。这些行为习惯会成为儿童人格的一部分，对儿童以后学习、生活、交往等都产生重要影响。

反 思 探 究

（1）简述学前儿童气质和性格的发展有哪些特点？

（2）俗话说"江山易改，秉性难移"，你如何理解这句话？

（3）简述学前儿童自我意识的组成并概括其发展特点。

（4）6岁的小君正忙着用磁铁吸引鸡肝，发现鸡肝没有被吸引，赶忙问妈妈："妈妈，老师给我们做磁铁会吸引铁的实验，你经常让我吃鸡肝，说是可以补充铁元素的啊，怎么磁铁不吸引鸡肝呢？"妈妈给小君解释了一番，他又问："妈妈，那我要怎么能看到微量元素呢？"最后令妈妈哑口无言。请利用人格相关知识分析小君的行为。假如你是这位家长，你可以怎么做？

第十章　学前儿童社会性的发展

思维导图

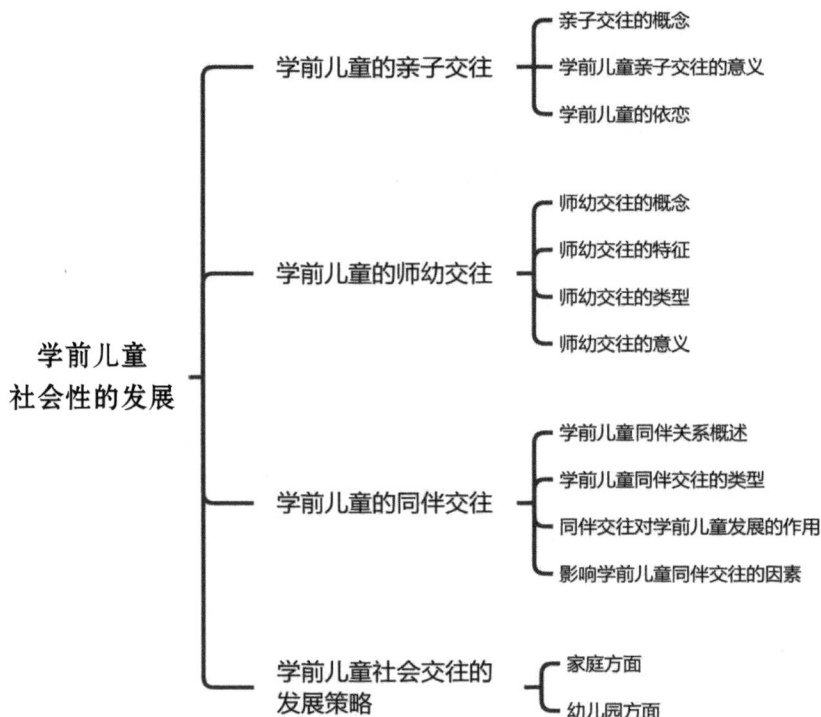

学 习 目 标

（1）具有家国情怀，能与人为善，为形成文明、和谐、民主、平等的人际关系贡献力量。

（2）理解学前儿童亲子交往、师幼交往和同伴交往对其心理发展的重要意义和作用。

（3）掌握亲子交往的发展与类型、师幼交往的基本特征和同伴交往的特征。

（4）掌握促进亲子交往、师幼交往和同伴交往的具体方法，分析亲子交往、师幼交往和同伴交往的案例。

案 例 导 入

琛琛指责小奕朝他吐口水，但是小奕坚持说没有吐。在老师问了很多遍的情况下，小奕由一开始不承认吐口水到承认吐了口水在地上，但是不承认吐在琛琛脸上，回家后对奶奶和爸爸妈妈也是这样说的，甚至委屈得哭了。奶奶专门告诉老师这件事，觉得孙子从来不说谎。但是老师发现当询问小奕具体情况时，他始终在躲避老师的目光。

吐口水到别人脸上当然是不对的，小奕很清楚，并坚决表示自己不赞同这种行为。到底谁说谎了？不好下结论。为了更好地解决问题，又不伤害小朋友，老师摆出一切尽在掌握中的自信姿态，表示想给没有说实话的孩子一个机会，只要说实话老师保证不生气，并用坚定的语气重复："请告诉我实话！"

最后小奕承认了自己的错误行为，得到了老师和大家的原谅。

第一节　学前儿童的亲子交往

一、亲子交往的概念

亲子关系存在于家庭关系中，它是指儿童与抚养者（主要是父母）之间进行的交往。它是儿童生活中最早出现的一种社会关系。

二、学前儿童亲子交往的意义

相对于其他类型的社会交往，亲子交往是较频繁、较稳定、持续时间最长的交往类型，它对学前儿童的发展起着重要作用。

（一）有助于学前儿童安全依恋的形成

学前儿童的亲子交往产生于家庭，依赖于抚养者的教养。父母亲尤其是母亲在学前儿童的亲子交往发展中发挥着重要作用。良好亲子交往关系的形成，有利于学前儿童安全依恋的形成，有助于其心理健康。

1.亲密的亲子交往，有助于建立良好的母婴依恋

0—3岁是依恋建立的最佳时期，它对儿童安全感的建立具有重要作用。婴儿时期，抚养者若表现出对婴儿需求的高度敏感性，如饥饿时及时给予食物、孤独时及时给予安慰陪伴等，会帮助婴儿建立对父母和周围环境的安全感，获得信任感。大量研究表明，早期亲子交往的缺失对儿童的心理健康发展将产生无法弥补的伤害。如英国比较心理学家哈洛曾做过著名的恒河猴的实验，实验结果显示，婴儿的需求不仅是喂养，更倾向于与他人建立联结。同时研究指出，早期被隔离的婴猴会产生异常的行为，如不能正常玩耍或交配，受到攻击时也不能自卫。鲍尔比还通过对失去依恋

对象的儿童进行观察，研究他们与依恋对象的分离与后来的犯罪和心理障碍之间的联系。研究证实，5岁以前与母亲或母亲替代者长期或永久的分离是产生不良行为的最主要因素。

2.父亲与幼儿的亲子交往对幼儿的发展有举足轻重的作用

一直以来的研究都比较关注母婴依恋，对父亲在亲子交往中的作用往往不够重视。实际上，幼儿可以和父亲建立强烈的依恋，而且父亲和幼儿依恋关系的建立有利于其日后心理社会性的发展。Karine和Marrcoen关于父亲与幼儿亲子依恋的研究显示，与父亲有安全关系的幼儿比没有安全关系的幼儿在同伴交往中表现出更少的焦虑和退缩行为。这都充分表明早期良好的亲子关系有利于儿童的安全依恋的形成并影响其今后的发展。

（二）有利于儿童身心健康的发展

亲密和谐的家庭环境是儿童身心和谐发展的重要保证。优质的亲子关系有利于儿童健康人格的形成。在良好的亲子交往中，父母能给儿童良好的环境和正确的行为典范，从而保证儿童的身心健康发展。关于母爱剥离的研究指出，经历过母爱剥离的儿童成年后更容易出现犯罪事件，或表现出精神失常的倾向性。

（三）有利于促进儿童交往技能的发展，获得良好社会品质

早期亲子交往的经验有助于儿童掌握必要的社会交往策略，习得良好的社会行为。在交往过程中，父母会不自觉地向儿童传授多方面的社会知识、为儿童提供社会交往的模范，儿童通过模仿习得大量的社交行为，掌握各种社会交往技能，如分享、协商、合作等。同时，在亲子交往的过程中，儿童将获得良好的社会品质，如尊敬长辈、关心他人等。这是诸多研究都证明了的事实。社会心理学家赞·威克斯勒等人的研究发现，在积极的母婴交往中，儿童学会了关爱他人、谦让、合作、团结、同情、文明礼貌等社会行为，习得了最初的社会交往技能（如发起、维持交往，处理矛盾冲突等），积累了大量的社会交往经验。可以看出，亲子关系是以后形

成诸多社会关系的基础，很大程度上影响了儿童以后人际关系的形成和发展。

（四）亲子交往对儿童个性发展的影响

学前期是儿童个性形成的关键时期，不同的亲子交往方式对儿童个性的形成和发展产生重要影响。美国著名的心理学家麦考比和马丁根据前人的研究，概括提出了父母教养方式的四种主要类型，即权威型、专断型、放纵型、忽视型。不同的教养方式体现出不同的亲子交往方式，对儿童个性的形成也产生着不同的作用。

在权威型的教养方式中，父母对儿童的态度积极肯定，会对儿童的要求和行为做出反应，尊重孩子的意见和观点，鼓励他们表达自己的想法并参与讨论；同时，父母对儿童提出明确的要求，并坚定地实施规则，对孩子的不良行为表示拒绝，而对其良好行为表示支持和肯定。这类教养方式下的孩子多数独立性较强，善于自我控制和解决问题，自尊感和自信心较强，喜欢与人交往，对人友好。

在专断型的教养方式中，父母对儿童时常表现出缺乏热情的、否定的情感反应，很少考虑儿童自身的愿望和要求；父母往往要求孩子无条件地遵循有关的规则，但又缺少对规则的解释，还常常对儿童违反规则的行为表示愤怒，甚至采用严厉的惩罚措施。这种教养方式下的儿童大多缺乏主动性，胆小、怯懦、畏缩、抑郁，自尊感和自信心较低，不善与人交往。

在放纵型的教养方式中，父母和权威型父母一样，对儿童充满积极肯定的情感，但是缺乏控制。他们甚至不对孩子提出任何要求，而让其随意控制、协调自己的一切行为，对孩子违反要求的做法采取忽视或接受的态度，很少发怒或训斥、纠正孩子。这种教养方式下的孩子往往具有较高的冲动性和攻击性，缺乏责任感，不太顺从，行为缺乏自制，自信心较低。

在忽视型的教养方式中，父母对孩子既缺乏爱的情感和积极反应，又缺少行为的要求和控制。父母对儿童缺乏基本的关注，亲子间交往很少，对儿童的任何行为反应都缺乏反馈，表现出厌烦、不想搭理的态度。这种教养方式下的儿童也容易具有较强的冲动性和攻击性，不顺从，且很少替别人考虑，对人缺乏热情与关心。

（五）有利于促进儿童认知的发展

父母作为儿童的第一任教师，在良好的亲子互动中可以为儿童的认知发展奠定良好的基础。父母在照料儿童生活的过程中，要不断引导儿童观察和认识身边的事物，有目的性地创设丰富的环境，帮助儿童探索周围的世界，并在儿童遇到问题时引导儿童解决问题等，这些行为对儿童认知的发展起着不可或缺的作用。

总之，良好亲子关系的建立，会让儿童在人生的最初阶段获得积极的情绪情感体验，在交往过程中学会关心体贴他人，获得善良、同情、友爱等良好品质，并在与父母的日常生活中获得认知上的发展及日后生活所需的社会交往策略与技能等，对儿童的认知、社会情感等发展都起着重要的作用。

三、学前儿童的依恋

（一）依恋的概念

依恋的概念最先由英国心理学家约翰·鲍尔比提出，是指个体与他人之间的一种强烈、持久且亲密的情感联结。这种联结倾向于寻求和维持某个特定对象的亲近关系，它起源于婴儿的生理性需求和社会交往的需要，是一种积极的情感联系。这种情感联结断裂，会对儿童今后的心理健康发展产生很大的影响。

（二）学前儿童依恋发展的阶段

依恋不是突然出现的。根据心理学的研究，可将依恋的发展划分为四个阶段。

1.无差别的社会反应阶段（0—3个月）

这属于婴儿的前依恋期，最大的特点是对人的反应无差别。这个时期婴儿对母亲的反应方式和对其他人的反应方式还没有出现明显的差异，他们喜欢注视人脸，喜欢听人的声音。

2.有差别的社会反应阶段（3—6个月）

这是依恋关系的建立期。此阶段婴儿对人的反应已表现出差别性。他们开始识别熟悉的人和不熟悉的人之间的差别，而且其依恋反应（如微笑）开始明显地局限于自己熟悉的人，对陌生人和母亲表现出不同的反应。这时母亲成为最主要的依恋对象，婴儿更倾向于依偎、亲近母亲。

3.特殊的情感联结阶段（6个月—2岁）

这是依恋关系的明确期，幼儿逐渐表现出对依恋对象深切的爱恋和依赖，建立起对特定个体的依恋。当母亲离开的时候，幼儿会表现出焦虑甚至哭闹。为了促进和依恋对象的接触与亲近，他们还开始调整自己的行为去适应成人的行为，以便能更好地和成人进行双向交流。此阶段的幼儿对陌生人开始表现出警惕，"怯生"现象较为明显。

4.目标调整的伙伴关系阶段（2岁以后）

这个阶段，儿童对母亲不只是单纯的依恋，而是逐渐能表现出对母亲情感的理解，开始考虑母亲的兴趣与需要，并不断调整自己的情绪和行为反应，与母亲的关系从单纯的依恋关系发展成为合作的伙伴关系。如能够理解母亲的暂时离开，他们不会大哭大闹。又如当发现母亲情绪不好时，他们会减少自己的要求，显得更加听话顺从等。

（三）依恋的类型

常用的评价依恋类型的方法是"陌生情境"技术。美国心理学家玛丽·安斯沃斯（Mary Dinsmore Salter Ainsworth）采用陌生情境测验研究婴儿与母亲依恋关系的类型。

拓展阅读："陌生情境"实验①

美国心理学家安斯沃斯（Ainsworth，1973）设计了一种被称为"陌生情境"的实验过程，以观察人类母亲和婴儿间的依恋关系。在这个过程中，婴儿进行20分钟的游戏，并使照看者及陌生人进出房间，从而再现出大多数婴儿在生活中会遇到的熟人、陌生人情境变换。不同的情境，婴儿的心理压力会发生变换，同时对婴儿的反应加以观察（如图10-1所示）。

图10-1　陌生情境

在实验中，婴儿体验到如下情境：①与母亲一起留在游戏室中。②陌生人进来，加入他们之中。③母亲离开，留下婴儿与陌生人在房间中。④母亲回来，陌生人离开，母亲和婴儿在一起。⑤母亲离开，留下婴儿单独待在房间。⑥陌生人返回房间，与婴儿一起留在房间。⑦母亲返回，与婴儿重聚。

研究者观察婴儿行为的两个方面：①婴儿从事的探索行为（即玩新玩具）的总量。②婴儿对母亲行为的反应。

实验中发现，不同婴儿面对陌生情境的反应有明显的差异。

安斯沃斯根据婴儿在不同情境中对母亲和陌生人的反应，将婴儿分成

① 宋丽博.学前儿童发展心理学[M].4版.北京:高等教育出版社,2022:208.

安全型、回避型和反抗型，并且认为，在这些婴儿长大成人并建立人际关系时，这些特点仍会显露出来，即婴儿身上发现的不同依恋类型也会适用于成人。

1.安全型（Securely Attached）

安全型的婴儿在与母亲分离前，对实验室及玩具表现出兴趣并积极探索。与母亲在一起时，能愉快地玩玩具，不总是依偎着母亲；当母亲离开后，会表现出沮丧忧伤；当母亲回来后，会立即接近母亲寻求抚慰。这类婴儿在母亲的安抚下能快速平静下来，对陌生人的进入也没有表示出不安全感。

2.回避型（avoidant）

回避型的婴儿对母亲在场或离开都无所谓，与母亲分离时不哭，与母亲重聚时也回避或无视母亲的存在，只关注环境与玩具，自己玩自己的，对母亲较疏远、冷漠。这类婴儿与母亲之间并未形成特别亲密的感情联结。

3.反抗型（resistant）

此类型的婴儿时刻警惕母亲离开，在母亲还未离开之前就表现出担心和紧张，对玩具少有探索兴趣。对母亲的离开极度抗拒，一旦分离就开始大哭；但母亲回来时，既寻求与母亲接触，又反抗母亲的安抚。这类婴儿在母亲的安抚下也不能快速平静下来，表现出矛盾的态度，对陌生人表现出抗拒、不安全感。

（四）依恋类型对儿童后期行为的影响

正如鲍尔比所言，个体与父母的相处经历和他以后建立情感纽带的能力之间有非常强烈的因果关系。父母多大程度上给孩子提供了安全基地，并且鼓励他离开安全基地去探索，那他以后建立情感纽带的能力就有多强。如何做到以上所说，最重要的是父母在多大程度上能够识别与尊重孩子对安全基地的需求。婴儿早期依恋的建立，是其社会性发展的基础，早期依恋的性质对儿童后期甚至人生的发展会产生巨大的影响。大量研究表明，婴儿对母亲的依恋与孩子的认知、情感和社会行为的发展有着密切的关系。

1.早期依恋对认知的影响

不同依恋类型的儿童在不同的情境中会表现出不同的行为。1978年，马塔斯等人曾对12个月和18个月的儿童的依恋类型进行了评定，在他们2岁时，将他们置于有关工具应用的问题情境中，以揭示早期依恋类型与以后发展的关系。结果表明，安全型依恋的儿童对问题表现出好奇和探索的倾向，遇到困难时较少出现消极情绪的反应，也会适当地请求帮助。反抗型依恋的儿童面对问题则表现出失望、发脾气等，合作性、坚持性都较差，也极少求助于成人。也有研究指出，父亲与儿童良好的亲子关系和儿童的攻击性行为呈负相关，与儿童的学业成绩、社会技能等呈正相关。由此可见，儿童依恋的性质在一定程度上影响儿童的认知活动。

2.早期依恋对情感的影响

早期安全型依恋的形成，会让儿童于对他人产生信赖，有安全感和稳定的情绪状态。反之，若不能在早期形成安全型依恋，儿童将可能成为一个情绪不稳定和对环境不信任的人。如著名心理学家埃里克森的心理社会发展理论认为，0—1岁是婴儿人格发展中信任与不信任的矛盾冲突阶段，如当婴儿饿了、冷了或尿了时，就要求父母高度敏感并对婴儿的需求及时给出反应，否则容易引起婴儿的不信任感。若这一时期这对矛盾没有解决好，儿童将会缺乏对人的信任，将来成年后也可能很难信赖他人。更严重的是，若儿童过早离开父母，将会造成更坏的影响。如1951年鲍尔比和同事在关于一些过早离开父母的儿童状况的研究报告中指出，这些儿童不能很好地与人相处，经常退缩逃避。鲍尔比由此得出了这样一个结论："可以确信心理健康最基本的东西是婴幼儿应当有与母亲（或一个稳定的代理母亲）之间温暖、亲密的连续不断的关系。在这里，儿童既可找到满足，又可找到愉快。"他认为，如果儿童及时获得安全型依恋，便会感受到爱、安全、自信，并会从事探索周围环境、与他人玩耍以及其他交际行为，反之，如果儿童感觉到不被关注，就会产生焦虑情绪，若长期处于这种无助的情境之中，儿童就会体验到失望与抑郁，并产生许多行为问题和心理障碍。

3.早期依恋对社会行为的影响

早期依恋对儿童的社会行为也会造成影响。婴儿期对父母形成安全型依恋的儿童在幼儿园通常会有较强的社会能力和良好的社会关系。有研究认为，安全型依恋的儿童与其他儿童相比更有可能在学步期、学前期和小学阶段，在同伴中展示出社会交往行为，相比较之下，回避型依恋的婴儿则表现出有更多敌对的、愤怒的、侵犯的行为。这是因为，早期依恋关系导致儿童对同伴的期待，有安全依恋经历的儿童会期待与同伴的互动并积极发起交往，这样的社会行为也容易得到正面的回应，从而产生积极的社会交往行为。而有不安全依恋经历的儿童（如家庭中的不良关系）则可能导致这些儿童在与同伴的交往中变得孤立或者充满敌意，从而更加不被同伴接受和认可。所以，早期依恋关系的性质决定着儿童对自我和他人的多方面的认识，对儿童的社会行为、交往能力等都会产生重要的影响。

第二节 学前儿童的师幼交往

学前儿童进入托幼机构后，他们的生活范围不再局限于家庭，对幼儿来说，父母也不再是唯一的权威，教师将成为幼儿的另一个权威，并对幼儿产生重要影响。教师通过幼儿园一日活动中的各个环节，如游戏活动、教学活动、生活活动等对幼儿的身心、认知、社会性发展等方面施加影响，建立优质的师幼关系对幼儿的发展有重要意义。

一、师幼交往的概念

师幼交往是指在幼儿教育机构中教师与幼儿之间的交往，是教师与幼儿之间不同形式的交往关系。幼儿进入教育机构后，教师取代父母成为主要教育者，在幼儿园的一日活动中通过不同的活动与幼儿进行着各种形式的交往，扮演着多样的角色。比如，在生活活动中，教师扮演着母亲的角色，照料幼儿的生活；在集体教学活动中，教师扮演着教育者的角色，为幼儿传授知识和经验；在游戏活动中，教师扮演着伙伴的角色，与幼儿一起游戏。由此可见，幼儿教师以多样的角色与幼儿进行着多种形式的交往。

二、师幼交往的特征

作为幼儿人际交往系统中具有主导地位的一种交往，师幼交往既具有人际交往的一些共性，也具有有别于一般人际交往，特别是亲子交往和同伴交往的一些特性。

（一）教育性

这是师幼交往的首要特征。在师幼交往中，无论是师幼的身份还是交往的目的、内容和交往发生的途径、情景等，均体现出明显的教育性特征。与其他人际交往显著不同的是，师幼交往具有更为明确的教育性特点。首先，师幼间交往的目的就是促进师幼双方特别是学生的学习、认知和社会性的发展。师幼交往的内容、形式多围绕这一目的及其相应的教育内容即知识、能力、社会行为和交往能力等的培养而展开。其次，师幼交往发生的情景具有多样性，它不仅发生在课堂中、教育教学过程中，也广泛发生在日常生活、交往与活动中。教师在日常生活、活动中的一言一行及其对人、事、物的言行对学生具有潜在、巨大的榜样、示范性影响。再次，由于教师角色的特殊性，教师在学生心目中的特殊地位，其自觉或不自觉流露出来的对学生的情感、期望与评价，直接影响学生的自我认识、社会行为、师幼交往及其教育效果。学生，特别是年幼学生常常以"老师是否喜欢我""老师认为我如何"作为判断自身行为、能力和师幼关系的主要依据，而且其对老师对自己的情感态度、与自己的关系的知觉明显影

一、家庭方面

家庭是儿童接触的第一个环境，儿童人际交往的能力是在潜移默化的环境中培养的。作为养育者，应该抓住日常生活中的每个一契机，自然而然地进行教育，帮助幼儿学习社会交往策略，发展幼儿的社会交往能力。

（一）建立积极的亲子关系，帮助幼儿形成良好的依恋

对于幼儿来说，家庭是他们学习社会交往的第一个场所。婴儿出生后，父母要注意与婴儿建立良好的依恋关系。一是要注意在"母性敏感期"的母子接触，在孩子刚出生的前几天，多与新生儿保持身体接触。尽可能采用母乳喂养，在哺乳过程中建立亲密的关系，会让婴儿感受到爱与安全。二是父母对孩子发出的信号要及时做出反应，并给予照顾，尽可能回应孩子的情感需求。三是要尽量避免父母与孩子长期分离。婴儿期是建立亲子依恋的关键时期，若此时父母与婴儿分离，以后将很难再建立亲密的亲子依恋。四是应更多关注父亲在幼儿成长过程中的作用。父亲要给幼儿更多的父爱，与幼儿建立良好的亲子依恋。

（二）采取恰当的教养方式，创设开放和谐的家庭氛围

父母应该采用民主型的教养方式，营造充满爱的、和谐的，能够及时满足幼儿身心发展需要的家庭氛围。在轻松的氛围中，幼儿敢于表达自己的想法，能学习表达爱和接受爱的方式，懂得关爱、分享、同情等社会交往策略。

（三）父母应为幼儿树立良好的社会交往的典范

幼儿是在模仿中学习的，所以父母的行为就成为幼儿学习的范例。这就要求父母提高自身的素质，严格要求自己，为幼儿提供良好的社会交往的范例，如家人之间相互关爱、遇事相互协商、同情他人、遵守社会规则等。

（四）为幼儿创设更多的交往机会

现在的幼儿很多是独生子女，父母工作也比较忙，使得幼儿交往的机会越来越少。交往机会的匮乏不利于幼儿社会性的发展。父母应该多关注孩子的心理状况，有意识地为幼儿创设与他人交往的机会。如多邀请邻居、亲人的孩子来家中玩或者在周末与有同龄孩子的家庭聚会，让孩子自己去体验和感受与他人交流的快乐，为幼儿的社会交往提供更多的机会。

二、幼儿园方面

（一）建立民主型师幼关系

教师应积极建立和幼儿之间的亲密关系，尊重、爱护幼儿，平等对待每一个幼儿，尊重幼儿的个体差异，与幼儿建立和谐民主的师幼关系。

拓展阅读

有一次，孔子和学生们正在赶路，忽然一个小孩儿拦住了他们的去路。原来，这个小孩儿正在路上用砖瓦石块垒一座"城池"。孔子叫那个小孩儿让路，而小孩儿却说："这世上只有车绕城而过的，还没有把城池拆了给车让路的。"孔子想：确实不能把这孩子摆的城池当成玩具。我倡导礼仪，没想到让孩子给问住了。孔子十分感慨地对他的学生说："三人行必有我师！这孩子虽小，却懂礼仪，可以做我的老师了。"

（二）创设良好的心理环境

幼儿园方面，尤其是幼儿教师要注重创设良好的心理环境。为幼儿创设一个温馨、轻松愉快的环境，让幼儿在这样的环境中敢于表达、心情愉快，能与教师建立亲密的师幼关系，和同伴建立互助友爱的同伴关系。

（三）创设丰富的游戏活动，注重角色游戏的指导

游戏是幼儿同伴之间交往的主要方式。在游戏中，幼儿能掌握社会经验并不断习得社会交往的技能和策略，懂得协商、合作、分享等。教师应该为幼儿创设丰富的游戏活动，尤其是角色游戏，如娃娃家、小医院、超市等情景游戏。通过游戏中对幼儿的同伴互动进行指导，提高幼儿社会交往的技能，促进幼儿社会性的发展。

（四）鼓励幼儿之间的同伴交往，利用多种契机促进幼儿交往能力的提高

在幼儿教育机构中，因为社会交往技能的欠缺、社会交往经验的缺乏，幼儿之间总会因为各种各样的事情产生矛盾冲突。作为教师，不应该只是粗暴地解决幼儿之间的矛盾而应该鼓励幼儿自己去解决社会交往冲突，并以此为契机促进幼儿社会交往能力的发展。此外，教师应公正地评价每个幼儿，避免负面评价影响同伴对他的接纳，要鼓励并帮助每个幼儿积极与他人交往，帮助他们解决人际交往中出现的问题，对他们良好的社会交往行为给予肯定和鼓励。

反思探究

（1）为什么要强调早期依恋的重要性？

（2）查阅资料，了解儿童依恋研究的最新进展。

（3）观察学前儿童的同伴互动情况，尝试解释儿童在互动过程中用到了哪些技能。

（4）4岁的石头在班上朋友不多，一次，他看见林林一个人在玩，就冲上去紧紧地抱住林林。林林感到不舒服，一把推开石头，石头跺脚大喊："我是想和你做朋友的啊！"请分析石头在班里朋友不多的原因，并谈谈教师应如何帮助石头改善朋友不多的现状。